ANALY

DES INFINIMENT PETITS,

Pour l'intelligence des lignes courbes.

A PARIS,
DE L'IMPRIMERIE ROYALE.

M. DC. XCVI.

PREFACE.

L'ANALYSE qu'on explique dans cet Ouvrage, ſuppoſe la commune ; mais elle en eſt fort différente. L'Analyſe ordinaire ne traitte que des grandeurs finies : celle-ci penetre juſques dans l'infini même. Elle compare les différences infiniment petites des grandeurs finies ; elle découvre les rapports de ces différences : & par-là elle fait connoître ceux des grandeurs finies, qui comparées avec ces infiniment petits ſont comme autant d'infinis. On peut même dire que cette Analyſe s'étend au delà de l'infini : car elle ne ſe borne pas aux différences infiniment petites ; mais elle découvre les rapports des différences de ces différences, ceux encore des différences troiſiémes, quatriémes, & ainſi de ſuite, ſans trouver jamais de terme qui la puiſſe arrêter. De ſorte qu'elle n'embraſſe pas ſeulement l'infini ; mais l'infini de l'infini, ou une infinité d'infinis.

Une Analyſe de cette nature pouvoit ſeule nous conduire juſqu'aux véritables principes des lignes courbes. Car les courbes n'étant que des polygones d'une infinité de côtés, & ne differant entr'elles que par la différence des angles que ces côtés infiniment petits font entr'eux ; il n'appartient qu'à l'Analyſe des infiniment petits de déterminer la poſition de ces côtés pour avoir la courbure qu'ils forment, c'eſt-à-dire les tangentes de ces courbes, leurs perpendiculaires, leurs points d'infléxion ou de rebrouſſement, les rayons qui s'y réfléchiſſent, ceux qui s'y rompent, &c.

Les polygones inſcrits ou circonſcrits aux courbes, qui par la multiplication infinie de leurs côtés, ſe confondent enfin avec elles, ont été pris de tout temps pour les courbes mêmes. Mais on en étoit demeuré là : ce n'eſt que depuis la découverte de l'Analyſe dont il s'agit ici, que l'on a bien ſenti l'étenduë & la fécondité de cette idée.

Ce que nous avons des Anciens ſur ces matiéres, principalement d'*Archimede*, eſt aſſurément digne d'admiration. Mais outre qu'ils n'ont touché qu'à fort peu de courbes, qu'ils n'y ont même touché que légérement ; ce ne ſont preſque par tout que propoſitions particulieres & ſans ordre, qui ne font apercevoir aucune méthode réguliere & ſuivie. Ce n'eſt pas cependant qu'on leur en puiſſe faire un reproche légitime : ils ont eu beſoin d'une extrême force de génie * pour percer à travers tant d'obſcurités, & pour entrer les premiers dans des païs entiérement inconnus. S'ils n'ont pas été loin, s'ils ont marché par de longs circuits ; du moins, quoy qu'en diſe † *Viette*, ils ne ſe ſont point égarés : & plus les chemins qu'ils ont tenus étoient difficiles & épineux, plus ils ſont admirables de ne s'y être pas perdus. En un mot, il ne paroît pas que les Anciens en ayent pû faire davantage pour leur temps : ils ont fait ce que nos bons eſprits auroient fait en leur place ; & s'ils étoient à la nôtre, il eſt à croire qu'ils auroient les mêmes vuës que nous. Tout cela eſt une

* *Archimedis de lineis ſpiralibus tractatum cum bis terque legiſſem, totaſque animi vires intendiſſem, ut ſubtiliſſimarum demonſtrationum de ſpiralium tangentibus artificium adſequerer; nuſquam tamen, ingenuè fatebor, ab earum contemplatione ita certus receſſi, quin ſcrupulus animo ſemper hæreret, vim illius demonſtrationis me non percepiſſe totam, &c.* Bullialdus Præf. de lineis ſpiralibus.

† *Si verè Archimedes, fallaciter concluſit Euclides, &c.* Suppl. Geomet.

ſuite de l'égalité naturelle des eſprits & de la ſucceſſion néceſſaire des découvertes.

Ainſi il n'eſt pas ſurprenant que les Anciens n'ayent pas été plus loin ; mais on ne ſçauroit aſſés s'étonner que de grands hommes, & ſans doute d'auſſi grands hommes que les Anciens, en ſoient ſi long-temps demeurés là ; & que par une admiration preſque ſuperſtitieuſe pour leurs ouvrages, ils ſe ſoient contentés de les lire & de les commenter, ſans ſe permettre d'autre uſage de leurs lumiéres, que ce qu'il en falloit pour les ſuivre ; ſans oſer commettre le crime de penſer quelques fois par eux-mêmes, & de porter leur vuë au delà de ce que les Anciens avoient découvert. De cette maniére bien des gens travailloient, ils écrivoient, les livres ſe multiplioient, & cependant rien n'avançoit : tous les travaux de pluſieurs ſiécles n'ont abouti qu'à remplir le monde de reſpectueux commentaires & de traductions répetées d'originaux ſouvent aſſés mépriſables.

Tel fut l'état des Mathématiques, & ſur tout de la Philoſophie, juſqu'à M. *Deſcartes*. Ce grand homme pouſſé par ſon génie & par la ſupériorité qu'il ſe ſentoit, quitta les Anciens pour ne ſuivre que cette même raison que les Anciens avoient suivie ; & cette heureuse hardiesse, qui fut traitée de révolte, nous valut une infinité de vuës nouvelles & utiles sur la Physique & sur la Géometrie. Alors on ouvrit les yeux, & l'on s'avisa de penser.

Pour ne parler que des Mathématiques, dont il est seulement ici question, M. *Descartes* commença où les Anciens avoient fini, & il débuta par la solution d'un Problême où *Pappus* dit * qu'ils étoient tous demeurés. On sçait jusqu'où il a porté l'Analyse & la Géometrie, & combien l'alliage qu'il en a fait, rend facile la solution d'une infinité de Problêmes qui paroissoient impénétrables avant luy. Mais comme il s'appliquoit principalement à la résolution des égalités, il ne fit d'attention aux courbes qu'autant qu'elles luy pouvoient servir à en trouver les racines : de sorte que l'Analyse ordinaire luy suffisant pour cela, il ne s'avisa point d'en chercher d'autre. Il n'a pourtant pas laissé de s'en servir heureusement dans la recherche des Tangentes ; & la Méthode qu'il découvrit pour cela, luy parut si belle, qu'il ne fist point de difficulté de dire *, que *ce Problême étoit le plus utile*

* *Collect. Mathem. Lib. 7. initio.*

* *Géomet. liv. 2.*

& le plus général, non seulement qu'il sçût, mais même qu'il eût jamais desiré de sçavoir en Géometrie.

Comme la Géometrie de M. *Descartes* avoit mis la construction des Problêmes par la résolution des égalités fort à la mode, & qu'elle avoit donné de grandes ouvertures pour cela; la plus part des Géometres s'y appliquerent, ils y firent aussi de nouvelles découvertes, qui s'augmentent & se perfectionnent encore tous les jours.

Pour M. *Paschal*, il tourna ses vuës de tout un autre côté : il éxamina les courbes en elles-mêmes, & sous la forme de polygone; il rechercha les longueurs de quelques-unes, l'espace qu'elles renferment, le solide que ces espaces décrivent, les centres de gravité des unes & des autres, &c. Et par la considération seule de leurs élémens, c'est-à-dire des infiniment petits, il découvrit des Méthodes générales & d'autant plus surprenantes, qu'il ne paroît y être arrivé qu'à force de tête & sans analyse.

Peu de temps aprés la publication de la Méthode de M. *Descartes* pour les tangentes, M. *de Fermat* en trouva aussi une, que M. *Descartes* a enfin avoüé * luy-même être

* *Lett. 71. Tom. 3.*

plus ſimple en bien des rencontres que la ſienne. Il eſt pourtant vray qu'elle n'étoit pas encore auſſi ſimple que M. *Barrow* l'a renduë depuis en conſidérant de plus prés la nature des polygones, qui préſente naturellement à l'eſprit un petit triangle fait d'une particule de courbe, compriſe entre deux appliquées infiniment proches, de la différence de ces deux appliquées, & de celle des coupées correſpondantes ; & ce triangle eſt ſemblable à celuy qui ſe doit former de la tangente, de l'appliquée, & de la ſoutangente : de ſorte que par une ſimple Analogie cette derniere méthode épargne tout le calcul que demande celle de M. *Deſcartes*, & que cette méthode, elle-même, demandoit auparavant.

M.* *Barrow* n'en demeura pas là, il inventa auſſi une eſpéce de calcul propre à cette méthode ; mais il luy falloit, auſſi-bien que dans celle de M. *Deſcartes*, ôter les fractions, & faire évanoüir tous les ſignes radicaux pour s'en ſervir.

Au défaut de ce calcul eſt ſurvenu celuy du célébre ¶ M. *Leibnis* ; & ce Sçavant Géometre à commencé où M. *Barrow* & les autres avoient fini. Son calcul l'a mené dans

* *Lect. geomet.* p. 80.

¶ *Acta Erud. Lipſ. an.* 1684. p. 467.

des païs jusqu'ici inconnus; & il y a fait des découvertes qui font l'étonnement des plus habiles Mathématiciens de l'Europe. Mrs *Bernoulli* ont été les premiers qui se sont aperçus de la beauté de ce calcul : ils l'ont porté à un point qui les a mis en état de surmonter des difficultés qu'on n'auroit jamais osé tenter auparavant.

L'étenduë de ce calcul est immense : il convient aux Courbes mécaniques, comme aux géometriques; les signes radicaux luy sont indifferens, & même souvent commodes ; il s'étend à tant d'indéterminées qu'on voudra ; la comparaison des infiniment petits de tous les genres luy est également facile. Et de là naissent une infinité de découvertes surprenantes par rapport aux Tangentes tant courbes que droites, aux questions *De maximis & minimis*, aux points d'infléxion & de rebroussement des courbes, aux Dévelopées, aux Caustiques par réfléxion ou par réfraction, &c. comme on le verra dans cet ouvrage.

Je le divise en dix Séctions. La premiere contient les principes du Calcul des différences. La seconde fait voir de quelle maniére l'on s'en doit servir pour trouver les Tangentes de toutes ſortes de courbes, quelque nombre d'indéterminées qu'il y ait dans l'équation qui les exprime, quoique M. *Craige* * n'ait pas crû qu'il pût s'étendre juſqu'aux courbes mécaniques ou tranſcendantes. La troiſiéme, comment il ſert à réſoudre toutes les queſtions *De maximis & minimis*. La quatriéme, comment il donne les points d'infléxion & de rebrouſſement des courbes. La cinquiéme en découvre l'uſage pour trouver les Dévelopées de M. *Hugens*, dans toutes ſortes de courbes. La ſixiéme & la ſeptiéme font voir comment il donne les Cauſtiques, tant par réfléxion que par réfraction, dont l'illuſtre M. *Tſchirnhaus* eſt l'inventeur, & pour toutes ſortes de courbes encore. La huitiéme en fait voir encore l'uſage pour trouver les points des lignes courbes qui touchent une infinité de lignes données de poſition, droites ou courbes. La neuviéme contient la ſolution de quelques Problêmes qui dépendent des découvertes précédentes. Et la dixiéme conſiſte dans une nouvelle maniére de ſe ſervir du Calcul des différences pour les courbes géometriques : d'où l'on déduit la Méthode de M^rs^ *Deſcartes* & *Hudde*, laquelle ne convient qu'à ces ſortes de courbes.

* *De figurarum curvilinearum quadraturis, part. 2.*

Il eſt à remarquer que dans les Séctions 2, 3, 4, 5, 6, 7, 8, il n'y a que tres-peu de Propoſitions ; mais elles ſont toutes générales, & comme autant de Méthodes dont il eſt aiſé de faire l'application à tant de propoſitions particulieres qu'on voudra : je la fais ſeulement ſur quelques éxemples choiſis, perſuadé qu'en fait de Mathématique il n'y a à profiter que dans les méthodes, & que les livres qui ne conſiſtent qu'en détail ou en propoſitions particulieres, ne ſont bons qu'à faire perdre du temps à ceux qui les ſont, & à ceux qui les liſent. Auſſi n'ay-je ajoûté les Problêmes de la Séction neuviéme, que parce qu'ils paſſent pour curieux & qu'ils ſont tres-univerſels. Dans la dixiéme Séction ce ne ſont encore que des Méthodes que le Calcul des différences donne à la maniére de M^rs^ *Deſcartes* & *Hudde* ; & ſi elles ſont ſi limitées, on voit par toutes les précédentes que ce n'eſt pas un défaut de ce calcul, mais de la Méthode Cartéſienne à laquelle on l'aſſujetit. Au contraire rien ne prouve mieux l'uſage immenſe de ce calcul, que toute cette variété de méthodes ; & pour peu d'attention qu'on y faſſe, l'on verra qu'il tire tout ce qu'on peut tirer de celle de Mrs *Descartes* & *Hudde*, & que la preuve universelle qu'il donne de l'usage qu'on y fait des progressions arithmétiques, ne laisse plus rien à souhaiter pour l'infaillibilité de cette derniere Méthode.

J'avois dessein d'y ajoûter encore une Section pour faire sentir aussi le merveilleux usage de ce calcul dans la Physique, jusqu'à quel point de précision il la peut porter, & combien les Mécaniques en peuvent retirer d'utilité. Mais une maladie m'en a empesché : le public n'y perdra pourtant rien, & il l'aura quelque jour même avec usure.

Dans tout cela il n'y a encore que la premiere partie du calcul de M. *Leibnis*, laquelle consiste à descendre des grandeurs entiéres à leurs différences infiniment petites, & à comparer entr'eux ces infiniment petits de quelque genre qu'ils soient : c'est ce qu'on appelle *Calcul différentiel*. Pour l'autre partie, qu'on appelle *Calcul intégral*, & qui consiste à remonter de ces infiniment petits aux grandeurs ou aux touts dont ils sont les différences, c'est-à-dire à en trouver les sommes, j'avois aussi dessein de le donner. Mais M. *Leibnis* m'ayant écrit qu'il y travailloit dans un Traité qu'il intitule *De Scientiâ in-*

finiti, je n'ay eu garde de priver le public d'un si bel Ouvrage qui doit renfermer tout ce qu'il y a de plus curieux pour la Méthode inverse des Tangentes, pour les Réctifications des courbes, pour la Quadrature des espaces qu'elles renferment, pour celle des surfaces des corps qu'elles décrivent, pour la dimension de ces corps, pour la découverte des centres de gravité, &c. Je ne rends même ceci public, que parce qu'il m'en a prié par ses lettres, & que je le crois nécessaire pour préparer les esprits à comprendre tout ce qu'on pourra découvrir dans la suite sur ces matiéres.

Au reste je reconnois devoir beaucoup aux lumieres de Mrs *Bernoulli*, sur tout à celles du jeune presentement Professeur à Groningue. Je me suis servi sans façon de leurs découvertes & de celles de M. *Leibnis*. C'est-pourquoy je consens qu'ils en revendiquent tout ce qu'il leur plaira, me contentant de ce qu'ils voudront bien me laisser.

C'est encore une justice dûë au sçavant M. *Newton*, & que M. *Leibnis* luy a renduë * luy-même : Qu'il avoit aussi trouvé quelque chose de semblable au Calcul diffé-

* *Journal des Sçavans du 30. Aoust 1694.*

rentiel, comme il paroît par l'excellent Livre intitulé *Philosophiæ naturalis principia Mathematica*, qu'il nous donna en 1687. lequel est presque tout de ce calcul. Mais la Caractéristique de M. *Leibnis* rend le sien beaucoup plus facile & plus expéditif ; outre qu'elle est d'un secours merveilleux en bien des rencontres.

Comme l'on imprimoit la derniere feüille de ce Traité, le Livre de M. *Nieuwentiit* m'est tombé entre les mains. Son titre, *Analysis infinitorum*, m'a donné la curiosité de le parcourir : mais j'ai trouvé qu'il étoit fort différent de celui-ci ; car outre que cet Auteur ne se sert point de la Caractéristique de M. *Leibnis*, il rejette absolument les différences secondes, troisiémes, &c. Comme j'ai basti la meilleure partie de cet Ouvrage sur ce fondement, je me croirois obligé de répondre à ses objections, & de faire voir combien elles sont peu solides, si M. *Leibnis* n'y avoit déja pleinement satisfait dans les Actes * de Leypsick. D'ailleurs les deux demandes ou suppositions que j'ai faites au commencement de ce Traité, & sur lesquelles seules il est appuyé, me paroissent si évidentes, que je ne croy pas qu'elles puissent laisser au-

* *Acta Erud. an. 1695. p. 310. & 369.*

cun doute dans l'eſprit des Lecteurs attentifs. Je les aurois même pû démontrer facilement à la maniére des Anciens, ſi je ne me fuſſe propoſé d'eſtre court ſur les choſes qui ſont déja connuës, & de m'attacher principalement à celles qui ſont nouvelles.

TABLE.

NATVRÆ MVNVS

ANALYSE DES INFINIMENT PETITS.

PREMIERE PARTIE.

DU CALCUL DES DIFFERENCES.

SECTION PREMIERE.

Où l'on donne les regles de ce calcul.

DÉFINITION I.

ON appelle quantités *variables* celles qui augmentent ou diminuent continuellement; & au contraire quantités *constantes* celles qui demeurent les mêmes pendant que les autres changent. Ainsi dans une parabole les appliquées & les coupées sont des quantités variables, au lieu que le parametre est une quantité constante.

DÉFINITION II.

La portion infiniment petite dont une quantité variable augmente ou diminuë continuellement, en est appellée la *Différence*. Soit par exemple une ligne courbe quelconque *AMB*, qui ait pour axe ou diametre la ligne *AC*, & pour une de ses appliquées la droite *PM*; & soit une autre appliquée *pm* infiniment proche de la premiere. Cela posé, si l'on mene *MR* parallele à *AC*; les cordes *AM*, *Am*; & qu'on décrive du centre *A*, de l'intervalle *AM* le petit arc de cercle *MS*: *Pp* sera la différence de *AP*, *Rm* celle de *PM*, *Sm* celle de *AM*, & *Mm* celle de l'arc *AM*. De même le petit triangle *MAm* qui a pour base l'arc *Mm*, sera la différence du segment *AM*; & le petit espace *MPpm*, celle de l'espace compris par les droites *AP*, *PM*, & par l'arc *AM*.

FIG. 1.

COROLLAIRE.

1. IL est évident que la différence d'une quantité constante est nulle ou zero: ou (ce qui est la même chose) que les quantités constantes n'ont point de différence.

AVERTISSEMENT.

On se servira dans la suite de la note ou caracteristique d *pour marquer la différence d'une quantité variable que l'on exprime par une seule lettre; & pour éviter la confusion, cette note* d *n'aura point d'autre usage dans la suite de ce calcul. Si l'on nomme par exemple les variables* AP, x; PM, y; AM, z; *l'arc* AM, u; *l'espace mixtiligne* APM, s; *& le segment* AM, t: dx *exprimera la valeur de* Pp, dy *celle de* Rm, dz *celle de* Sm, du *celle du petit arc* Mm, ds *celle du petit espace* MPpm, *&* dt *celle du petit triangle mixtiligne* MAm.

I. DEMANDE OU SUPPOSITION.

2. ON demande qu'on puisse prendre indifféremment l'une pour l'autre deux quantités qui ne different entr'elles que d'une quantité infiniment petite: ou (ce qui est la même

chose) qu'une quantité qui n'est augmentée ou diminuée que d'une autre quantité infiniment moindre qu'elle, puisse être considérée comme demeurant la même. On demande par exemple qu'on puisse prendre *Ap* pour *AP*, *pm* pour *PM*, l'espace *Apm* pour l'espace *APM*, le petit espace *MPpm* pour le petit rectangle *MPpR*, le petit secteur *AMm* pour le petit triangle *AMS*, l'angle *pAm* pour l'angle *PAM*, &c.

II. Demande ou Supposition.

3. On demande qu'une ligne courbe puisse être considérée comme l'assemblage d'une infinité de lignes droites, chacune infiniment petite : ou (ce qui est la même chose) comme un poligône d'un nombre infini de côtés, chacun infiniment petit, lesquels déterminent par les angles qu'ils font entr'eux, la courbure de la ligne. On demande par exemple que la portion de courbe *Mm* & l'arc de cercle *MS* puissent être considérés comme des lignes droites à cause de leur infinie petitesse, en sorte que le petit triangle *mSM* puisse être censé rectiligne.

Avertissement.

On suppose ordinairement dans la suite que les dernieres lettres de l'alphabet, z, y, x, *&c. marquent des quantités variables ; & au contraire que les premieres* a, b, c, *&c. marquent des quantités constantes : de sorte que* x *devenant* x + dx ; y, z, *&c. deviennent* y + dy, z + dz, *&c.* **Et* a, b, c, *&c. demeurent les mesmes* a, b, c, *&c.* * Art. 1.

Proposition I.

Problême.

4. Prendre *la différence de plusieurs quantités ajoûtées ensemble, ou soustraites les unes des autres.*

Soit $a + x + y - z$ dont il faut prendre la différence. Si l'on suppose que x soit augmentée d'une portion infiniment petite ; c'est-à-dire qu'elle devienne $x + dx$; y de-

* *Art. 1.* viendra alors $y + dy$; & z, $z + dz$; pour la constante a, *elle demeurera la même a: de sorte que la quantité proposée $a + x + y - z$ deviendra $a + x + dx + y + dy - z - dz$; & sa différence, que l'on trouvera en la retranchant de cette derniere, sera $dx + dy - dz$. Il en est ainsi des autres; ce qui donne cette régle.

REGLE I.

Pour les quantités ajoûtées, ou soustraites.

On prendra la différence de chaque terme de la quantité proposée, & retenant les mêmes signes, on en composera une autre quantité qui sera la différence cherchée.

PROPOSITION II.

Problême.

5. PRENDRE *la différence d'un produit fait de plusieurs quantités multipliées les unes par les autres.*

1°. La différence de xy est $ydx + xdy$. Car y devient $y + dy$ lors que x devient $x + dx$, & partant xy devient alors $xy + ydx + xdy + dxdy$ qui est le produit de $x + dx$ par $y + dy$, & sa différence sera $ydx + xdy + dxdy$, c'est-à-dire * $ydx + xdy$: puisque $dxdy$ est une quantité infiniment petite par rapport aux autres termes ydx, & xdy; car si l'on divise par exemple ydx & $dxdy$ par dx, on trouve d'une part y, & de l'autre dy qui en est la différence, & par conséquent infiniment moindre qu'elle. D'où il suit que la différence du produit de deux quantités est égale au produit de la différence de la premiere de ces quantités par la seconde, plus au produit de la différence de la seconde par la premiere.

* *Art. 2.*

2°. La différence de xyz est $yzdx + xzdy + xydz$. Car en considérant le produit xy comme une seule quantité, il faudra, comme l'on vient de prouver, prendre le produit de sa différence $ydx + xdy$ par la seconde z (ce qui donne $yzdx + xzdy$) plus le produit de la différence dz

de la seconde z par la premiere xy (ce qui donne $xydz$); & partant la différence de xyz sera $yzdx + xzdy + xydz$.

3°. La différence de $xyzu$ est $uyzdx + uxzdy + uxydz + xyzdu$. Ce qui se prouve comme dans le cas précédent en regardant le produit xyz comme une seule quantité. Il en est ainsi des autres à l'infini, d'où l'on forme cette régle.

REGLE II.

Pour les quantités multipliées.

La différence du produit de plusieurs quantités multipliées les unes par les autres, est égale à la somme des produits de la différence de chacune de ces quantités par le produit des autres.

Ainsi la différence de ax est $xo + adx$, c'est-à-dire adx. Celle de $\overline{a+x} \times \overline{b-y}$ est $bdx - ydx - ady - xdy$.

PROPOSITION III.

Problême.

6. PRENDRE *la différence d'une fraction quelconque.*

La différence de $\frac{x}{y}$ est $\frac{ydx - xdy}{yy}$. Car supposant $\frac{x}{y} = z$, on aura $x = yz$, & comme ces deux quantitez variables x & yz doivent toûjours être égales entr'elles, soit qu'elles augmentent ou diminuent, il s'ensuit que leur différence, c'est-à-dire leurs accroissemens ou diminutions seront aussi égales entr'elles; & partant *on aura $dx = ydz + zdy$, & $dz = \frac{dx - zdy}{y} = \frac{ydx - xdy}{yy}$ en mettant pour z sa valeur $\frac{x}{y}$. Ce qu'il falloit, &c. d'où l'on forme cette regle. * *Art.* 5.

REGLE III.

Pour les quantités divisées, ou pour les fractions.

La différence d'une fraction quelconque est égale au

produit de la différence du numérateur par le dénominateur, moins le produit de la différence du dénominateur par le numérateur : le tout divisé par le quarré du dénominateur.

Ainsi la différence de $\frac{a}{x}$ sera $\frac{-adx}{xx}$, celle de $\frac{x}{a+x}$ sera $\frac{adx}{aa+2ax+xx}$.

PROPOSITION IV.

Problême.

7. PRENDRE *la différence d'une puissance quelconque parfaite ou imparfaite d'une quantité variable.*

Il est nécessaire afin de donner une régle générale qui serve pour les puissances parfaites & imparfaites, d'expliquer l'analogie qui se rencontre entre leurs exposans.

Si l'on propose une progression geométrique dont le premier terme soit l'unité, & le second une quantité quelconque x, & qu'on dispose par ordre sous chaque terme son exposant, il est clair que ces exposans formeront une progression arithmetique.

Prog. geom. $1, x, xx, x^3, x^4, x^5, x^6, x^7$, &c.

Prog. arith. $0, 1, 2, 3, 4, 5, 6, 7$, &c.

Et si l'on continuë la progression geometrique au dessous de l'unité, & l'arithmetique au dessous de zero, les termes de celle-cy seront les exposans de ceux ausquels ils répondent dans l'autre. Ainsi -1 est l'exposant de $\frac{1}{x}$, -2 celuy de $\frac{1}{xx}$, &c.

Prog. geom. $x, 1, \frac{1}{x}, \frac{1}{xx}, \frac{1}{x^3}, \frac{1}{x^4}$, &c.

Prog. arith. $1, 0, -1, -2, -3, -4$, &c.

Mais si l'on introduit quelque nouveau terme dans la progression geométrique, il faudra pour avoir son exposant, en introduire un semblable dans l'arithmetique.

Ainsi $\sqrt{x}$ aura pour exposant $\frac{1}{2}$: $\sqrt[3]{x}$, $\frac{1}{3}$: $\sqrt[5]{x^4}$, $\frac{4}{5}$: $\frac{1}{\sqrt{x^3}}$, $-\frac{3}{2}$: $\frac{1}{\sqrt[5]{x^3}}$, $-\frac{3}{5}$: $\frac{1}{\sqrt{x^7}}$, $-\frac{7}{2}$: &c. de sorte que ces expresſions $\sqrt{x}$ & $x^{\frac{1}{2}}$, $\sqrt[3]{x}$ & $x^{\frac{1}{3}}$, $\sqrt[3]{x^4}$ & $x^{\frac{4}{3}}$, $\frac{1}{\sqrt{x^3}}$ & $x^{-\frac{3}{2}}$, &c. ne ſignifient que la même choſe.

Prog. geom. $1,\ \sqrt{x},\ x.\ 1,\ \sqrt[3]{x},\ \sqrt[3]{xx},\ x.\ 1,\ \sqrt[5]{x},\ \sqrt[5]{xx},\ \sqrt[5]{x^3},\ \sqrt[5]{x^4},\ x.$

Prog. arith. $0,\ \frac{1}{2},\ 1.\ 0,\ \frac{1}{3},\ \frac{2}{3},\ 1.\ 0,\ \frac{1}{5},\ \frac{2}{5},\ \frac{3}{5},\ \frac{4}{5},\ 1.$

Prog. geom. $\frac{1}{x},\ \frac{1}{\sqrt{x^3}},\ \frac{1}{xx}.\ \frac{1}{x},\ \frac{1}{\sqrt[3]{x^4}},\ \frac{1}{\sqrt[3]{x^5}},\ \frac{1}{xx}.\ \frac{1}{x^3},\ \frac{1}{\sqrt{x^7}},\ \frac{1}{x^4}.$

Prog. arith. $-1,\ -\frac{3}{2},\ -2.\ -1,\ -\frac{4}{3},\ -\frac{5}{3},\ -2.\ -3,\ -\frac{7}{2},\ -4.$

Où l'on voit que de même que $\sqrt{x}$ eſt moyenne geométrique entre 1 & x, de même auſſi $\frac{1}{2}$ eſt moyenne arithmetique entre leurs expoſans zero & 1 : & de même que $\sqrt[3]{x}$ eſt la premiere des deux moyennes geométriquement proportionnelles entre 1 & x, de même auſſi $\frac{1}{3}$ eſt la premiere des deux moyennes arithmetiquement proportionnelles entre leurs expoſans zero & 1 : & il en eſt ainſi des autres. Or il ſuit de la nature de ces deux progreſſions.

1°. Que la ſomme des expoſans de deux termes quelconques de la progreſſion geométrique ſera l'expoſant du terme qui en eſt le produit. Ainſi x^{4+3} où x^7 eſt le produit de x^3 par x^4, & $x^{\frac{1}{2}+\frac{1}{3}}$ où $x^{\frac{5}{6}}$ eſt le produit de $x^{\frac{1}{2}}$ par $x^{\frac{1}{3}}$, & $x^{-\frac{1}{3}+\frac{1}{5}}$ où $x^{-\frac{2}{15}}$ eſt le produit de $x^{-\frac{1}{3}}$ par $x^{\frac{1}{5}}$, &c. De même $x^{\frac{2}{3}+\frac{2}{3}}$ où $x^{\frac{4}{3}}$ eſt le produit de $x^{\frac{2}{3}}$ par luy même, c'eſt-à-dire ſon quarré, & x^{+2+2+2} où x^6 eſt le produit de x^2 par x^2 par x^2, c'eſt-à-dire ſon cube, & $x^{-\frac{1}{3}-\frac{1}{3}-\frac{1}{3}-\frac{1}{3}}$ ou $x^{-\frac{4}{3}}$ eſt la quatriéme puiſſance de $x^{-\frac{1}{3}}$, & il en eſt ainſi des autres puiſſances. D'où il eſt évident que le double, le triple, &c. de l'expoſant d'un terme quelconque de la progreſſion geométrique eſt l'expoſant du quarré, du cube, &c. de ce terme ; & partant que la moitié, le tiers, &c. de l'expoſant d'un terme quelconque de la progreſſion geométrique ſera l'expoſant de la racine quarrée, cubique, &c. de ce terme.

2°. Que la différence des expoſans de deux termes quelconques de la progreſſion geométrique ſera l'expoſant du quotient de la division de ces termes. Ainsi $x^{\frac{1}{2}-\frac{1}{3}} = x^{\frac{1}{6}}$ sera l'exposant du quotient de la division de $x^{\frac{1}{2}}$ par $x^{\frac{1}{3}}$, & $x^{-\frac{1}{3}-\frac{1}{4}} = x^{-\frac{7}{12}}$ sera l'exposant du quotient de la division de $x^{-\frac{1}{3}}$ par $x^{\frac{1}{4}}$; où l'on voit que c'est la même chose de multiplier $x^{-\frac{1}{3}}$ par $x^{-\frac{1}{4}}$ que de diviser $x^{-\frac{1}{3}}$ par $x^{\frac{1}{4}}$. Il en est ainsi des autres. Ceci bien entendu, il peut arriver deux différens cas.

Premier cas lorsque la puissance est parfaite, c'est-à-dire lorsque son exposant est un nombre entier. La différence de xx est $2xdx$, de x^3 est $3xxdx$, de x^4 est $4x^3dx$, &c. Car le quarré de x n'étant autre chose que le produit de x par x, sa différence * sera $xdx + xdx$, c'est-à-dire $2xdx$. De même le cube de x n'étant autre chose que le produit de x par x par x, sa différence * sera $xxdx + xxdx + xxdx$, c'est-à-dire $3xxdx$; & comme il en est ainsi des autres puissances à l'infini, il s'ensuit que si l'on suppose que m marque un nombre entier tel que l'on voudra, la différence de x^m sera $mx^{m-1}dx$.

* Art. 5.

Si l'exposant est négatif, on trouvera que la différence de x^{-m} ou de $\frac{1}{x^m}$ sera $\frac{-mx^{m-1}dx}{x^{2m}} = -mx^{-m-1}dx$.

Second cas, lorsque la puissance est imparfaite, c'est-à-dire lorsque son exposant est un nombre rompu. Soit proposé de prendre la différence de $\sqrt[n]{x^m}$ ou $x^{\frac{m}{n}}$ ($\frac{m}{n}$ exprime un nombre rompu quelconque) on supposera $x^{\frac{m}{n}} = z$, & en élevant chaque membre à la puissance n on aura $x^m = z^n$, & en prenant les différences comme l'on vient d'expliquer dans le premier cas, on trouvera $mx^{m-1}dx = nz^{n-1}dz$, & $dz = \frac{mx^{m-1}dx}{nz^{n-1}} = \frac{m}{n}x^{\frac{m}{n}-1}dx$, ou $\frac{m}{n}dx\sqrt[n]{x^{m-n}}$, en mettant à la place de nz^{n-1} sa valeur $nx^{m-\frac{m}{n}}$. Si l'exposant est négatif, on trouvera que la différence de $x^{-\frac{m}{n}}$ ou de $\frac{1}{x^{\frac{m}{n}}}$ sera $\frac{-\frac{m}{n}x^{\frac{m}{n}-1}dx}{x^{\frac{2m}{n}}} = -\frac{m}{n}x^{-\frac{m}{n}-1}dx$.

Ce

Ce qui donne cette regle générale.

REGLE IV.

Pour les puissances parfaites ou imparfaites.

La différence d'une puissance quelconque parfaite ou imparfaite d'une quantité variable, est égale au produit de l'exposant de cette puissance, par cette même quantité élevée à une puissance moindre d'une unité, & multipliée par sa différence.

Ainsi si l'on suppose que m exprime tel nombre entier ou rompu que l'on voudra, soit positif, soit négatif, & x une quantité variable quelconque, la différence de x^m sera toujours $mx^{m-1}dx$.

EXEMPLES.

La différence du cube de $ay - xx$, c'est-à-dire de $\overline{ay - xx}^3$, est $3 \times \overline{ay - xx}^2 \times \overline{ady - 2xdx} = 3a^3yydy - 6aaxxydy + 3ax^4dy - 6aayyxdx + 12ayx^3dx - 6x^5dx$.

La différence de $\sqrt{xy + yy}$ ou de $\overline{xy + yy}^{\frac{1}{2}}$, est $\frac{1}{2} \times \overline{xy + yy}^{-\frac{1}{2}} \times \overline{ydx + xdy + 2ydy}$, ou $\frac{ydx + xdy + 2ydy}{2\sqrt{xy + yy}}$. Celle de $\sqrt{a^4 + axyy}$ ou de $\overline{a^4 + axyy}^{\frac{1}{2}}$, est $\frac{1}{2} \times \overline{a^4 + axyy}^{-\frac{1}{2}} \times \overline{ayydx + 2axydy}$, ou $\frac{ayydx + 2axydy}{2\sqrt{a^4 + axyy}}$. Celle de $\sqrt[3]{ax + xx}$, ou de $\overline{ax + xx}^{\frac{1}{3}}$, est $\frac{1}{3} \times \overline{ax + xx}^{-\frac{2}{3}} \times \overline{adx + 2xdx}$, ou $\frac{adx + 2xdx}{3\sqrt[3]{\overline{ax + xx}^2}}$.

La différence de $\sqrt{ax + xx + \sqrt{a^4 + axyy}}$ ou de $\overline{ax + xx + \sqrt{a^4 + axyy}}^{\frac{1}{2}}$, est $\frac{1}{2} \times \overline{ax + xx + \sqrt{a^4 + axyy}}^{-\frac{1}{2}} \times \overline{adx + 2xdx + \frac{ayydx + 2axydy}{2\sqrt{a^4 + axyy}}}$, ou $\frac{adx + 2xdx}{2\sqrt{ax + xx + \sqrt{a^4 + axyy}}} + \frac{ayydx + 2axydy}{2\sqrt{a^4 + axyy} \times 2\sqrt{ax + xx + \sqrt{a^4 + axyy}}}$.

*Art. 7. 6.

La différence de $\frac{\sqrt{ax+xx}}{\sqrt{xy+yy}}$ fera felon cette regle* & celle

des fractions $\dfrac{\frac{adx+2xdd}{3\sqrt{ax+xx^2}} \times \sqrt{xy+yy} - \frac{ydx+xdy-2ydy}{2\sqrt{xy+yy}} \times \sqrt{ax+xx}}{xy+yy}$

REMARQUE.

8. IL eſt à propos de bien remarquer que l'on a toûjours ſuppoſé en prenant les différences, qu'une des variables x croiſſant, les autres y, z, &c. croiſſoient auſſi; c'eſt-à-dire que les x devenant $x + dx$, les y, z, &c. devenoient $y + dy$, $z + dz$, &c. C'eſt-pourquoy s'il arrive que quelques-unes diminüent pendant que les autres croiſſent, il en faudra regarder les différences comme des quantités négatives par rapport à celles des autres qu'on ſuppoſe croître, & changer par-conſéquent les ſignes des termes où les différences de celles qui diminüent ſe rencontrent. Ainſi ſi l'on ſuppoſe que les x croiſſant, les y & les z diminüent, c'eſt-à-dire que les x devenant $x + dx$, les y & les z deviennent $y - dy$ & $z - dz$, & que l'on veüille prendre la différence du produit xyz; il faudra changer *Art. 5. dans la différence $xydz + xzdy + yzdx$ trouvée *, les ſignes des termes où dy & dz ſe rencontrent : ce qui donne $yzdx - xydz - xzdy$ pour la différence cherchée.

SECTION II.

Usage du calcul des différences pour trouver les Tangentes de toutes sortes de lignes courbes.

DÉFINITION.

SI l'on prolonge un des petits côtés *Mm* du poligone qui compose * une ligne courbe ; ce petit côté ainsi prolongé sera appellé la *Tangente* de la courbe au point *M* ou *m*. Fig. 2. * *Art.* 3.

PROPOSITION I.

Problême.

9. SOIT *une ligne courbe* AM *telle que la relation de la coupée* AP *à l'appliquée* PM, *soit exprimée par une équation quelconque, & qu'il faille du point donné* M *sur cette courbe mener la tangente* MT. Fig. 3.

Ayant mené l'appliquée *MP*, & supposé que la droite *MT* qui rencontre le diametre au point *T*, soit la tangente cherchée ; on concevra une autre appliquée *mp* infiniment proche de la premiere, avec une petite droite *MR* parallele à *AP*. Et en nommant les données *AP*, x; *PM*, y; (donc *Pp* ou $MR = dx$, & $Rm = dy$.) les triangles semblables *mRM* & *MPT* donneront $mR\ (dy) . RM\ (dx :: MP\ (y) . PT = \frac{ydx}{dy}$. Or par le moyen de la difference de l'équation donnée, on trouvera une valeur de dx en termes qui seront tous affectés par dy, laquelle étant multipliée par y & divisée par dy, donnera une valeur de la soutangente *PT* en termes entiérement connus & délivrés des differences, laquelle servira à mener la tangente cherchée *MT*.

REMARQUE.

10. LORSQUE le point *T* tombe du côté opposé au point *A* origine des x, il est clair que x croissant, y dimi- Fig. 4.

* Art. 8. nüe, & qu'il faut changer par-conséquent * dans la différence de l'équation donnée les signes de tous les termes où dy se rencontre ; autrement la valeur de dx en dy seroit négative ; & partant aussi celle de PT $\left(\frac{ydx}{dy}\right)$. Il est mieux cependant, pour ne se point embarasser, de prendre toûjours la différence de l'équation donnée par les regles que l'on a prescrites * sans y rien changer ; car s'il arrive à la fin de l'opération que la valeur de PT soit positive, il s'ensuivra qu'il faudra prendre le point T du même côté que le point A origine des x, comme l'on a supposé en faisant le calcul : & au contraire si elle est négative, il le faudra prendre du côté opposé. Ceci s'éclaircira par les exemples suivans.

* Sect. 1.

EXEMPLE I.

FIG. 3. II. 1°. Si l'on veut que $ax = yy$ exprime la relation de AP à PM ; la courbe AM sera une parabole qui aura pour paramétre la droite donnée a, & l'on aura en prenant de part & d'autre les différences, $adx = 2ydy$, & $dx = \frac{2ydy}{a}$ & PT $\left(\frac{ydx}{dy}\right) = \frac{2yy}{a} = 2x$ en mettant pour yy sa valeur ax. D'où il suit que si l'on prend PT double de AP, & qu'on mene la droite MT, elle sera tangente au point M. Ce qui étoit proposé.

FIG. 4. 2°. Soit l'équation $aa = xy$ qui exprime la nature de l'hyperbole entre les asymptotes. On aura en prenant les différences $xdy + ydx = o$, & partant PT $\left(\frac{ydx}{dy}\right) = -x$. D'où il suit que si l'on prend $PT = PA$ du côté opposé au point A, & qu'on mene la droite MT, elle sera la tangente en M.

3°. Soit l'équation générale $y^m = x$ qui exprime la nature de toutes les paraboles à l'infini lorsque l'exposant m marque un nombre positif entier ou rompu, & de toutes les hyperpoles lorsqu'il marque un nombre négatif. On aura en prenant les différences $my^{m-1}dy = dx$, & partant PT $\left(\frac{ydx}{dy}\right) = my^m = mx$ en mettant pour y^m sa valeur x.

Si $m = \frac{3}{2}$, l'équation sera $y^3 = axx$ qui exprime la nature d'une des paraboles cubiques, & la soutangente $PT = \frac{3}{2}x$. Si $m = -2$, l'équation sera $a^3 = xyy$ qui exprime la nature de l'une des hyperboles cubiques, & la soutangente $PT = -2x$. Il en est ainsi des autres.

Pour mener dans les paraboles la tangente au point A origine des x, il faut chercher quelle doit être la raison de dx à dy en ce point ; car il est visible que cette raison étant connuë, l'angle que la tangente fait avec l'axe où le diametre, sera aussi déterminé. On a dans cet exemple $dx.\ dy :: my^{m-1}.\ 1$. D'où l'on voit que y étant zero en A, la raison de dy à dx doit y être infiniment grande lorsque m surpasse 1, & infiniment petite lorsqu'elle est moindre : c'est-à-dire que la tangente en A doit être parallele aux appliquées dans le premier cas, & se confondre avec le diametre dans le second.

EXEMPLE II.

12. SOIT une ligne courbe AMB telle que $AP \times PB$ FIG. 5.
$(x \times \overline{a-x}).\ \overline{PM}^2\ (yy) :: AB\ (a).\ AD\ (b)$. Donc $\frac{ayy}{b} = ax - xx$, & en prenant les différences, $\frac{2aydy}{b} = adx - 2xdx$, d'où l'on tire $PT\left(\frac{ydx}{dy}\right) = \frac{2ayy}{ab - 2bx} = \frac{2ax - 2xx}{a - 2x}$, en mettant pour $\frac{ayy}{b}$ sa valeur $ax - xx$; & $PT - AP$ ou $AT = \frac{ax}{a - 2x}$.

Supposant à présent que $\overline{AP}^3 \times \overline{PB}^2\ (x^3 \times \overline{a-x}^2).\ \overline{PM}^5\ (y^5) :: AB\ (a).\ AD\ (b)$, on aura $\frac{ay^5}{b} = x^3 \times \overline{a-x}^2$, & en prenant les différences $\frac{5ay^4dy}{b} = 3xxdx \times \overline{a-x}^2 - \overline{2adx + 2xdx} \times x^3$, d'où l'on tire $\frac{ydx}{dy} = \frac{5x^3 \cdot \overline{a-x}^2}{3xx \times \overline{a-x}^2 - \overline{2a + 2x} \times x^3} = \frac{5x \times a - x}{3a - 3x - 2x}$ ou $\frac{5ax - 5xx}{3a - 5x}$ & $AT = \frac{2ax}{3a - 5x}$.

Et généralement si l'on veut que *m* marque l'exposant de la puissance de *AP*, & *n* celuy de la puissance de *PB*, on aura $\frac{ay^{m+n}}{b} = x^m \times \overline{a-x}^n$ qui est une équation générale pour toutes les ellipses à l'infini, dont la différence est $\frac{\overline{m+n}\,ay^{m+n-1}dy}{b} = mx^{m-1}dx \times \overline{a-x}^n - n\overline{a-x}^{n-1}dx \times x^m$, d'où l'on tire (en mettant pour $\frac{ay^{m+n}}{b}$ sa valeur $x^m \times \overline{a-x}^n$) $PT\left(\frac{ydx}{dy}\right) = \frac{\overline{m+n}\,x^m \times \overline{a-x}^n}{mx^{m-1} \times \overline{a-x}^n - n\overline{a-x}^{n-1} \times x^m} = \frac{\overline{m+n} \times x \times \overline{a-x}}{m\overline{a-x} - nx}$, ou $PT = \frac{\overline{m+n} \times ax - xx}{ma - \overline{m+n}\,x}$, & $AT = \frac{nax}{ma - \overline{m+n}\,x}$.

EXEMPLE III.

FIG. 6.

13. Les mêmes choses étant posées que dans l'éxemple précédent, excepté que l'on suppose icy que le point *B* tombe de l'autre côté du point *A* par rapport au point *P*, on aura l'équation $\frac{ay^{m+n}}{b} = x^m \times \overline{a+x}^n$ qui exprime la nature de toutes les hyperboles considérées par rapport à leurs diametres. D'où l'on tirera comme cy-dessus $PT = \frac{\overline{m+n} \times ax + xx}{ma + \overline{m+n}\,x}$ & $AT \frac{nax}{ma + \overline{m+n}\,x}$.

Maintenant si l'on suppose que *AP* soit infiniment grande, la tangente *TM* ne rencontrera la courbe qu'à une distance infinie, c'est-à-dire qu'elle en deviendra l'asymptote *CE*; & l'on aura en ce cas $AT\left(\frac{nax}{ma + \overline{m+n}\,x}\right) = \frac{n}{m+n}a = AC$; puisque *a* étant infiniment moindre que *x*, le terme *ma* sera nul par rapport à $\overline{m+n}\,x$. Par la même raison en ce cas l'équation à la courbe deviendra $ay^{m+n} = bx^{m+n}$. Ainsi en faisant pour abréger $m+n = p$, & en extrayant de part & d'autre la racine *p*, on aura $y\sqrt[p]{a} = x\sqrt[p]{b}$, dont la différence est $dy\sqrt[p]{a} = dx\sqrt[p]{b}$: de sorte qu'en menant *AE* parallele aux appliquées, & en concevant un petit triangle au point où l'asymptote *CE* rencontre la courbe, on formera cette proportion $dx.dy$, ou $\sqrt[p]{a}.\sqrt[p]{b} :: AC.\left(\frac{n}{p}a\right).\ AE = \frac{n}{p}\sqrt[p]{ba^{p-1}}$. Or les valeurs de CA & de AE étant ainsi déterminées, on menera la droite indéfinie CE qui sera l'asymptote cherchée.

Si $m=1$ & $n=1$, la courbe sera l'hyperbole ordinaire, & on aura $AC=\frac{1}{2}a$, & $AE=\frac{1}{2}\sqrt{ab}$, c'est-à-dire à la moitié du diametre conjugué, ce que l'on sçait d'ailleurs être conforme à la vérité.

EXEMPLE IV.

14. SOIT l'équation $y^3-x^3=axy$ ($AP=x$, $PM=y$, a est une ligne droite donnée) & que cette équation exprime la nature de la courbe AM, sa différence sera $3yydy-3xxdx=axdy+aydx$. Donc $\frac{ydx}{dy}=\frac{3y^3-axy}{3xx+ay}$, & $AT\left(\frac{ydx}{dy}-x\right)=\frac{3y^3-3x^3-2axy}{3xx+ay}=\frac{axy}{3xx+ay}$ en mettant pour $3y^3-3x^3$ sa valeur $3axy$. FIG. 6.

Maintenant si l'on suppose que AP & PM soient chacune infiniment grande, la tangente TM deviendra l'asymptote CE, & les droites AT, AS deviendront AC, AE qui déterminent la position de l'asymptote. Or AT que j'appelle $t=\frac{axy}{3xx+ay}$, d'où l'on tire $y=\frac{3txx}{ax-at}=\frac{3tx}{a}$ lors que AT devient AC, parce qu'alors at est nulle par rapport à ax. Mettant donc cette valeur $\frac{3tx}{a}$ à la place de y dans $y^3-x^3=axy$, on aura $27t^3x^3-a^3x^3=3a^3txx$, d'où l'on tire (en effaçant le terme $3a^3txx$, parce que x étant infinie, il est nul par rapport aux deux autres $27t^3x^3$ & a^3x^3) $AC\ (t)=\frac{1}{3}a$. De même $AS\ \left(y-\frac{xdy}{dx}\right)$ que j'appelle $s=\frac{axy}{3yy-ax}$, d'où l'on tire $x=\frac{3syy}{ay+as}=\frac{3sy}{a}$, parce que y étant infinie par rapport à s, le terme as sera nul par rapport au terme ay; & en mettant cette valeur dans l'équation à la courbe, on trouvera $AE\ (s)=\frac{1}{3}a$. D'où il suit que si l'on prend les lignes AC, AE égales chacune à $\frac{1}{3}a$, & qu'on mene la droite indéfinie CE, elle sera l'asymptote de la courbe AM.

On se reglera sur ces deux derniers éxemples pour trouver les asymptotes des autres lignes courbes.

PROPOSITION II.

Problême.

FIG. 7. 15. S*i l'on suppose dans la proposition précédente que les coupées* AP *soient des portions d'une ligne courbe dont l'on sçache mener les tangentes* PT, *& qu'il faille du point donné* M *sur la courbe* AM *mener la tangente* MT.

Ayant mené l'appliquée *MP* avec la tangente *PT*, & supposé que la droite *MT* qui la rencontre en *T*, soit la tangente cherchée; on imaginera une autre appliquée *mp* infiniment proche de la premiere, & une petite droite *MR* parallele à *PT*: & en nommant les données *AP*, x; *PM*, y; on aura comme auparavant *Pp* ou $MR = dx$, $Rm = dy$, & les triangles semblables *mRM* & *MPT* donneront $mR\ (dy).\ RM\ (dx) :: MP\ (y).\ PT = \frac{ydx}{dy}$. On achevera ensuite le reste par le moyen de l'équation qui exprime la relation des coupées *AP* (x) aux appliquées *PM* (y), comme l'on a vû dans les exemples qui précedent, & comme l'on verra encore dans ceux qui suivent.

EXEMPLE I.

16. S*oit* $\frac{yy}{x} = \frac{x\sqrt{aa+yy}}{a}$, dont la différence est $\frac{2xydy - yydx}{xx} = \frac{dx\sqrt{aa+yy}}{a} + \frac{xydy}{a\sqrt{aa+yy}}$: on aura en réduisant cette égalité à une proportion $dy.\ dx\ (MP.\ PT) :: \frac{\sqrt{aa+yy}}{a} + \frac{yy}{xx}.\ \frac{2xy}{xx} - \frac{xy}{a\sqrt{aa+yy}}$. Et partant le rapport de la donnée *MP* à la soutangente cherchée *PT*, sera exprimé en termes entiérement connus & délivrés des différences. Ce qui étoit proposé.

EXEM-

EXEMPLE II.

17. SOIT $x = \frac{ay}{b}$, dont la différence est $dx = \frac{ady}{b}$: on aura *PT* $(\frac{ydx}{dy}) = \frac{ay}{b} = x$. Si l'on suppose que la ligne courbe *APB* soit un demi-cercle, & que les appliquées *MP*, étant prolongées en *Q*, soient perpendiculaires sur le diametre *AB*; la courbe *AMC* sera une demi-roulette, ou cycloïde : simple lorsque $b = a$, allongée lorsqu'elle est plus grande, & accourcie lorsqu'elle est moindre.

COROLLAIRE.

18. SI la roulette étant simple, l'on mene la corde *AP*; je dis qu'elle sera parallele à la tangente *MT*. Car le triangle *MPT* étant alors isoscele, l'angle externe *TPQ* sera double de l'interne opposé *TMQ*. Or l'angle *APQ* est égal à l'angle *APT*, puisque l'un & l'autre a pour mesure la moitié de l'arc *AP*; & partant il est la moitié de l'angle *TPQ*. Les angles *TMQ*, *APQ* seront donc égaux entr'eux; & par-conséquent les lignes *MT*, *AP* seront paralleles.

PROPOSITION III.

Problême.

19. SOIT *une ligne courbe quelconque* AP *qui ait pour* FIG. 7. *diametre la droite* KNAQ, *& dont l'on sçache mener les tangentes* PK; *soit de plus une autre courbe* AM *telle que menant comme on voudra, l'appliquée* MQ *qui coupe la premiere courbe au point* P, *la relation de l'arc* AP *à l'appliquée* MQ *soit exprimée par une équation quelconque. Il faut d'un point donné* M *mener la tangente* MN.

Ayant nommé les connuës *PK*, t; *KQ*, s; l'arc *AP*, x; *MQ*, y; l'on aura (en concevant une autre appliquée *mq* infiniment proche de *MQ*, & en tirant *PO*, *MS* paralleles à *AQ*.) $Pp = dx$, $mS = dy$; & à cause des triangles semblables *KPQ* & *PpO*, *mSM* & *MQN*, l'on aura *PK* (t).

$K\mathcal{Q}\ (s) :: Pp\ (dx).\ PO$ ou $MS = \frac{sdx}{t}$. Et $mS\ (dy).$ $SM\ (\frac{sdx}{t}) :: M\mathcal{Q}\ (y).\ \mathcal{Q}N = \frac{sydx}{tdy}$. Or par le moyen de la différence de l'équation donnée on trouvera une valeur de dx en termes qui seront tous affectés par dy; & partant si l'on substituë cette valeur à la place de dx dans $\frac{sydx}{tdy}$, les dy se détruiront, & la valeur de la soutangente cherchée $\mathcal{Q}N$ sera exprimée en termes tous connus. Ce qu'il falloit trouver.

PROPOSITION IV.

Problême.

FIG. 8. 20. SOIENT *deux lignes courbes* AQC, BCN *qui ayent pour diametre la droite* TEABF, *& dont l'on sçache mener les tangentes* QE, NF; *soit de plus une autre ligne courbe* MC *telle que la relation des appliquées* MP, QP, NP, *soit exprimée par une équation quelconque. Il faut d'un point donné* M *sur cette derniere courbe luy mener la tangente* MT.

Ayant imaginé aux points $\mathcal{Q}, M, N$, les petits triangles $\mathcal{Q}Oq$, MRm, NSn, & nommé les connuës PE, s; PF, t; $P\mathcal{Q}$, x; PM, y; PN, z; l'on aura $Oq = dx$, $Rm = dy$, Sn
* Art. 8. $= -dz$,* parce que x & y croissant, z diminuë. Et à cause des triangles semblables $\mathcal{Q}PE$ & $qO\mathcal{Q}$, NPF & nSN, MPT & mRM; l'on aura $\mathcal{Q}P\ (x).\ PE\ (s) :: qO\ (dx).$ $O\mathcal{Q}$ ou MR ou $SN = \frac{sdx}{x}$. Et $NP\ (z).\ PF\ (t) :: nS$ $(-dz).\ SN = \frac{-tdz}{z} = \frac{sdx}{x}$ (d'où l'on tire $dz = \frac{-szdx}{tx}$). Et $mR\ (dy).\ RM\ (\frac{sdx}{x}) :: MP\ (y).\ PT = \frac{sydx}{xdy}$. Or si l'on met dans la différence de l'équation donnée, à la place de dz, sa valeur $-\frac{szdx}{tx}$, on trouvera une valeur de dx en dy, laquelle étant substituée dans $\frac{sydx}{xdy}$, les dy se détruiront, & la valeur de la soutangente PT sera exprimée en termes tous connus.

EXEMPLE.

21. SOIT $yy = xz$, dont la différence est $2ydy = zdx + xdz = \frac{tzdx - szdx}{t}$, en mettant pour dz sa valeur négative $-\frac{szdx}{tx}$, d'où l'on tire $dx = \frac{2tydy}{tz - sz}$; & partant PT $\left(\frac{sydx}{xdy}\right) = \frac{2styy}{txz - sxz} = \frac{2st}{t - s}$, en mettant pour yy sa valeur xz.

Soit maintenant l'équation générale $y^{m+n} = x^m z^n$, dont la différence est $\overline{m+n}\,y^{m+n-1}dy = mz^n x^{m-1}dx + nx^m z^{n-1}dz = \frac{mtz^n x^{m-1}dx - nsz^n x^{m-1}dx}{t}$, en mettant pour dz sa valeur $-\frac{szdx}{tx}$, d'où l'on tire $PT\left(\frac{sydx}{xdy}\right) = \frac{\overline{mst + nst}\,y^{m+n}}{mtz^n x^m - nsz^n x^m} = \frac{mst + nst}{mt - ns}$, en mettant pour y^{m+n} sa valeur $x^m z^n$.

On peut remarquer que si les courbes *AQC*, *BCN* devenoient des lignes droites, la courbe *MC* seroit alors une des Sections coniques à l'infini ; sçavoir une Ellipse lorsque l'appliquée *CD*, qui part du point de rencontre *C*, tombe entre les extrémités *A*, *B* ; une Hyperbole lorsqu'elle tombe de part ou d'autre ; & enfin une Parabole lorsque l'une des extrémités *A* ou *B* est infiniment éloignée de l'autre, c'est-à-dire lorsque l'une des lignes droites *CA* ou *CB* est parallele au diametre *AB*.

PROPOSITION V.

Problême.

22. SOIT *une ligne courbe* APB *qui ait un commencement fixe & invariable au point* A, *& dont l'on sçache mener les tangentes* PH ; *soit hors de cette ligne un autre point fixe* F, *& une autre ligne courbe* CMD *telle qu'ayant mené la droite quelconque* FMP, *la relation de sa partie* FM *à la portion de courbe* AP *soit exprimée par telle équation qu'on voudra. On propose de mener du point donné* M *la tangente* MT. FIG. 9.

Ayant mené sur *FP* la perpendiculaire *FH* qui rencon-

tre la tangente donnée PH au point H, & la cherchée MT au point T, imaginé une droite $FRmOp$ qui fasse avec FP un angle infiniment petit, & décrit du centre F les petits arcs de cercle PO, MR; le petit triangle pOP sera semblable au triangle rectangle PFH; car les angles HPF,
* Art. 2. HpF sont* égaux, puisqu'ils ne différent entr'eux que de l'angle PFp que l'on suppose infiniment petit, & de plus l'angle pOP est droit puisque la tangente en O (qui n'est autre chose que la continüation du petit arc PO considéré comme une droite) est perpendiculaire sur le rayon FO. Par la même raison les triangles mRM, MFT seront semblables. Or il est clair que les petits triangles ou secteurs FPO & FMR sont semblables. Si donc l'on nomme les connuës PH, t; HF, s; FM, y; FP, z; & l'arc AP, x; on aura $PH\ (t).\ HF\ (s) :: Pp\ (dx).\ PO = \frac{sdx}{t}$. Et $FP\ (z).\ FM\ (y) :: PO\ (\frac{sdx}{t}).\ MR = \frac{ysdx}{tz}$. Et $mR\ (dy).\ RM\ (\frac{sydx}{tz}) :: FM\ (y).\ FT = \frac{syydx}{tzdy}$. Et on achevera le reste par le moyen de la différence de l'équation donnée.

EXEMPLE.

Fig. 10. 23. Si l'on veut que la courbe APB soit un cercle qui ait pour centre le point fixe F; il est clair que la tangente PH devient parallele & égale à la soutangente FH, à cause que HP sera aussi perpendiculaire à PF; & qu'ainsi l'on aura en ce cas $FT = \frac{yydx}{zdy} = \frac{yydx}{ady}$, en nommant la droite $FP\ (z)$, a; parce qu'elle devient constante de variable qu'elle étoit auparavant. Cela posé, si l'on nomme la circonférence entiere, ou une de ses portions déterminées, b; & que l'on fasse $b.\ x :: a.\ y$. la courbe CMD, qui est en ce cas FMD, sera la Spirale d'*Archimede*, & l'on aura $y = \frac{ax}{b}$ qui a pour sa difference $dy = \frac{adx}{b}$, d'où l'on tire $ydx = \frac{bydy}{a} = xdy$ en mettant pour y sa valeur $\frac{ax}{b}$; & partant $FT\ (\frac{yydx}{ady}) = \frac{xy}{a}$. Ce qui donne cette construction.

Soit décrit du centre *F* & du rayon *FM*, l'arc de cercle *MQ*, terminé en *Q* par le rayon *FA* qui joint les points fixes *A*, *F*; soit pris *FT* égale à l'arc *MQ*: je dis que la droite *MT* sera tangente en *M*. Car à cause des secteurs semblables *FPA*, *FMQ*, l'on aura $FP\ (a) . FM\ (y) :: AP$ $(x) . MQ = \frac{yx}{a} = FT$.

Si l'on fait en général $b . x :: a^m . y^m$, (l'exposant *m* désigne un nombre entier ou rompu tel que l'on veut) la courbe *FMD* sera une des spirales à l'infini, & l'on aura $y^m = \frac{a^m x}{b}$, qui a pour sa différence $my^{m-1}dy = \frac{a^m dx}{b}$, d'où l'on tire $ydx = \frac{mby^m dy}{a^m} = mxdy$, en mettant pour y^m sa valeur $\frac{a^m x}{b}$; & partant $FT\ (\frac{yydx}{ady}) = \frac{mxy}{a} = m \times MQ$.

PROPOSITION VI.

Problême.

24. SOIT *une ligne courbe* APB *dont l'on sçache mener les tangentes* PH, *& un point fixe* F *hors de cette ligne; soit une autre ligne courbe* CMD *telle que menant comme on voudra, la droite* FPM, *la relation de* FP *à* FM *soit exprimée par une équation quelconque. Il faut du point donné* M *mener la tangente* MT. FIG. 11.

Ayant mené la droite FHT perpendiculaire sur FM, & imaginé comme dans la proposition précédente les petits triangles *POp*, *MRm* semblables aux triangles *HFP*, *TFM*, on nommera les connuës *FH*, *s*; *FP*, *x*; *FM*, *y*; & l'on aura PF $(x) . FH\ (s) :: pO\ (dx) . OP = \frac{sdx}{x}$. Et $FP\ (x) . FM\ (y) ::$ $OP\ (\frac{sdx}{x}) . RM = \frac{sydx}{xx}$. Et $mR\ (dy) . RM\ (\frac{sydx}{xx}) :: FM\ (y)$. $FT = \frac{syydx}{xxdy}$. On achevera ensuite le reste par le moyen de la différence de l'équation donnée.

EXEMPLE.

25. Si l'on veut que la courbe *APB* ſoit une ligne droite *PH*, & que l'équation qui exprime la relation de *FP* à *FM* ſoit $y - x = a$, c'eſt-à-dire que *PM* ſoit toûjours égale à la même droite donnée *a*; l'on aura pour différence $dy = dx$; & partant *FT* $\left(\frac{syydx}{xxdy}\right) = \frac{syy}{xx}$. Ce qui donne cette conſtruction.

Soit menée *ME* parallele à *PH*, & *MT* parallele à *PE*; je dis qu'elle ſera tangente en *M*.

Car *FP* (x). *FH* (s) :: *FM* (y). *FE* $= \frac{sy}{x}$. Et *FP* (x). *FE* $\left(\frac{sy}{x}\right)$ :: *FM* (y). *FT* $= \frac{syy}{xx}$. Il eſt clair que la courbe *CMD* eſt la Conchoïde de *Nicomede*, dont l'aſymptote eſt la droite *PH*, & le pole eſt le point fixe *F*.

PROPOSITION VII.

Problême.

FIG. 12. 26. Soit *une ligne courbe* ARM *dont l'on ſçache mener les tangentes* MH, *& qui ait pour diametre la droite* EPAHT; *ſoit hors de ce diametre un point fixe* F, *d'où parte une ligne droite indéfinie* FPSM *qui coupe le diametre en* P *& la courbe en* M. *Si l'on conçoit maintenant que la droite* FPM *en tournant autour du point* F, *faſſe mouvoir le plan* PAM *toûjours parallelement à ſoi-même le long de la ligne droite* ET *immobile & indéfinie, en ſorte que la diſtance* PA *demeure par tout la même; il eſt clair que l'interſection continuelle* M *des lignes* FM, AM *décrira dans ce mouvement une ligne courbe* CMD. *On propoſe de mener d'un point donné* M *ſur cette courbe la tangente* MT.

Ayant imaginé que le plan *PAM* ſoit parvenu dans la ſituation infiniment proche *pam*, & tiré la ligne *mRS* parallele à *AP*; il eſt clair par la génération que *Pp* = *Aa* = *Rm*; & partant que *RS* = *Sm* — *Pp*. Or nommant les connuës *FP* ou *Fp*, *x*; *FM* ou *Fm*, *y*; *PH*, *s*; *MH*, *t*; &

la différence Pp, dz; les triangles semblables FPp & FSm, MPH & MSR, MHT & MRm, donneront Fp (x). Fm (y) :: Pp (dz). $Sm = \frac{ydz}{x}$ (donc $SR = \frac{ydz - xdz}{x}$). Et PH (s). HM (t) :: SR $(\frac{ydz - xdz}{x})$. $RM = \frac{tydz - txdz}{sx}$. Et MR $(\frac{tydz - txdz}{sx})$. Rm (dz) :: MH (t) $HT = \frac{sx}{y - x}$. Donc si l'on mene FE parallele à MH, & qu'on prenne $HT = PE$; la ligne MT sera la tangente cherchée.

Si la ligne AM étoit une ligne droite; la courbe CMD seroit une Hyperbole qui auroit pour une de ses asymptotes la ligne ET. Et si elle étoit un cercle qui eût son centre au point P; la courbe CMD seroit la Conchoïde de *Nicomede*, qui auroit pour asymptote la ligne ET, & pour pole le point F. Mais si elle étoit une parabole; la courbe CMD seroit la compagne de la Paraboloïde de *Descartes**, qui se décriroit en même temps au dessous de la droite ET par l'intersection de FP avec l'autre moitié de la parabole.

* *Geom. Liv. 3.*

PROPOSITION VIII.

Problême.

27. SOIT *une ligne courbe* AN *qui ait pour diametre la ligne droite* AP, *avec un point fixe* F *hors de ces lignes; soit une autre ligne courbe* CMD *telle que menant comme l'on voudra, la droite* FMPN, *la relation de ses parties* FN, FP, FM *soit exprimée par une équation quelconque. Il est question de tirer du point donné* M *la tangente* MT. FIG. 13.

Soit menée par le point F la ligne HK perpendiculaire à FN, qui rencontre en K le diametre AP, & en H la tangente donnée NH; soient décrits du centre F & des intervalles FN, FP, FM des petits arcs de cercle NQ, PO, MR terminés par la droite Fn que l'on conçoit faire avec FN un angle infiniment petit. Cela posé.

Si l'on nomme les connuës FK, s; FH, t; FP, x; FM, y; FN, z; les triangles semblables PFK & pOP, FMR &

FPO & *FNQ*, *HFN* & *NQn*, *mRM* & *MFT* donneront *PF* (x). *FK* (s) :: *pO* (dx). $OP = \frac{sdx}{x}$. Et *FP* (x). *FM* (y) :: *PO* ($\frac{sdx}{x}$). *MR* $\frac{sydx}{xx}$. Et *FP* (x). *FN* (z) :: *PO* ($\frac{sdx}{x}$). $NQ = \frac{szdx}{xx}$. Et *HF* (t). *FN* (z) :: *NQ* ($\frac{szdx}{xx}$). *Qn* ($-dz$) $= \frac{szzdx}{txx}$. Et *mR* (dy). *RM* ($\frac{sydx}{xx}$) :: *FM* (y). $FT = \frac{syydx}{xxdy}$. Or par le moyen de la différence de l'équation donnée on trouvera une valeur de dy en dx & dz, dans laquelle mettant à la place de dz sa valeur négative $-\frac{szzdx}{txx}$, parce que x croissant, z diminuë ; tous les termes seront affectés par dx ; de sorte que cette valeur étant enfin substituée dans $\frac{syydx}{xxdy}$, les dx se détruiront. Et partant la valeur de *FT* sera exprimée en termes connus & délivrés des différences.

Si l'on supposoit que la ligne droite *AP* fust une ligne courbe, & qu'on menast la tangente *PK* ; on trouveroit toûjours pour *FT* la même valeur, & le raisonnement demeureroit le même.

EXEMPLE.

FIG. 14. 28. SUPPOSONS que la ligne courbe *AN* soit un cercle qui passe par le point *F* (tellement sçitué à l'égard du diametre *AP* que la ligne *FB* perpendiculaire à ce diametre passe par le centre *G* de ce cercle), & que *PM* soit toûjours égale à *PN* ; il est clair que la courbe *CMD*, qui devient en ce cas *FMA*, sera la Cissoïde de *Diocles*, & que l'on aura pour équation $z + y = 2x$, dont la différence est $dy = 2dx - dz = \frac{2txxdx + szzdx}{txx}$ en mettant pour

* Art. 27. dz sa valeur $-\frac{szzdx}{txx}$ trouvée cy-dessus *. Et partant *FT* ($\frac{syydx}{xxdy}$) $= \frac{styy}{2txx + szz}$.

Si le point donné *M* tomboit sur le point *A*, les lignes *FM*, *FN*, *FP* seroient égales chacune à *FA*, comme aussi les

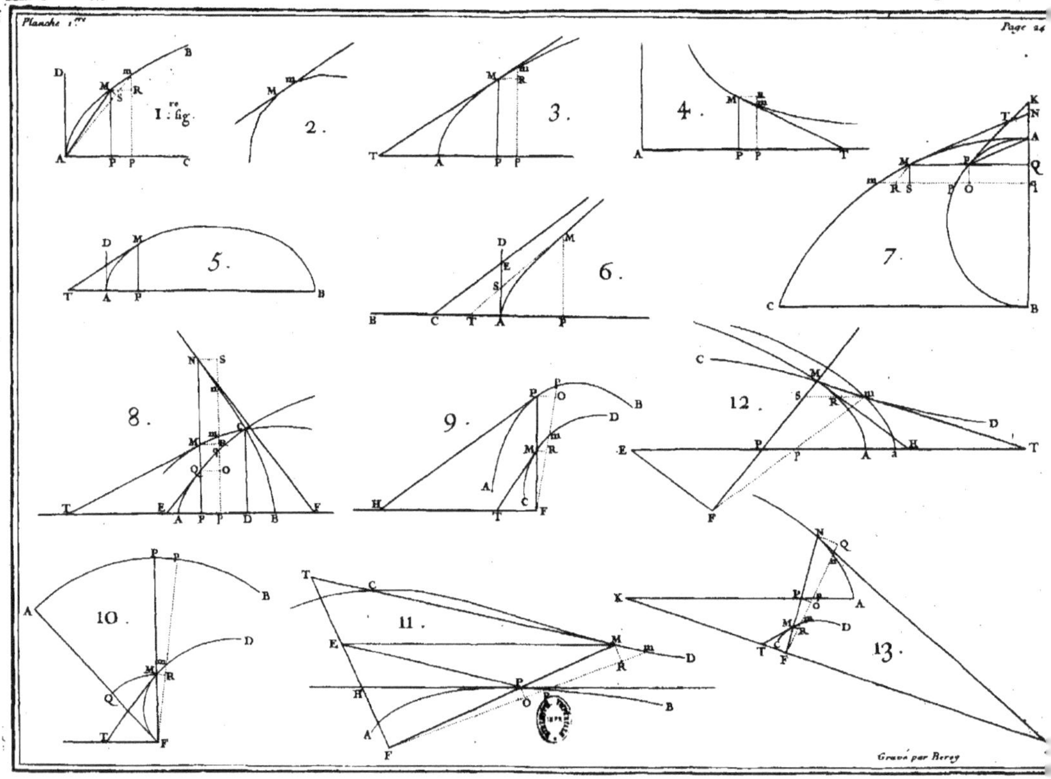
Planche 1re
Page 24
I.re fig.
2.
3.
4.
5.
6.
7.
8.
9.
10.
11.
12.
13.
Gravé par Berey

les droites *FK*, *FH*; & partant on auroit en ce cas $FT = \frac{x^4}{3x^3} = \frac{1}{3}x$, c'est-à-dire que si l'on prend $FT = \frac{1}{3}AF$, & qu'on mene la ligne *AT*, elle sera tangente en *A*.

On peut encore trouver les tangentes de la Cissoïde par le moyen de la premiere Proposition, en menant les perpendiculaires *NE*, *ML* sur le diametre *FB*, & cherchant l'équation qui exprime le rapport de la coupée *FL* à l'appliquée *LM*; ce qui se fait ainsi. Ayant nommé les connuës *FB*, $2a$; *FL* ou *BE*, x; *LM*, y; les triangles semblables *FEN*, *FLM*, & la proprieté du cercle donneront $FL\ (x).\ LM\ (y) :: FE.\ EN :: EN\ (\sqrt{2ax-xx}).\ EB\ (x)$. D'où l'on tire $yy = \frac{x^3}{2a-x}$, dont la difference est $2ydy = \frac{6axxdx - 2x^3dx}{\overline{2a-x}^2}$. Et partant LO*$\left(\frac{ydx}{dy}\right) = \frac{yy \times \overline{2a-x}^2}{3axx - x^3}$ *Art. 9.
$= \frac{2ax - xx}{3a - x}$, en mettant pour yy sa valeur $\frac{x^3}{2a-x}$.

PROPOSITION IX.

Problême.

29. SOIENT *deux lignes courbes* ANB, CPD, *& une ligne droite* FKT, *sur lesquelles soient marqués des points fixes* A, C, F; *soit de plus une autre ligne courbe* EMG *telle qu'ayant mené par un de ses points quelconques* M *la droite* FMN, *&* MP *parallele à* FK; *la relation de l'arc* AN *à l'arc* CP *soit exprimée par une équation quelconque. Il faut d'un point donné* M *sur la courbe* EG *mener la tangente* MT. FIG. 15.

Ayant mené par le point cherché *T* la ligne *TH* parallele à *FM*, & par le point donné *M* les droites *MRK*, *MOH* paralleles aux tangentes en *P* & en *N*, on tirera *FmOn* infiniment proche de *FMN* & *mRp* parallele à *MP*.

Cela posé, si l'on nomme les connuës *FM*, s; *FN*, t; *MK*, u; *CP*, x; *AN*, y; (donc Pp ou $MR = dx$, $Nn = dy$) les triangles semblables *FNn* & *FMO*, *MOm* & *MHT*, *MRm* & *MKT* donneront $FN\ (t).\ FM\ (s) :: Nn\ (dy).\ MO = \frac{sdy}{t}$.

Et MR (dx). MO $\left(\frac{sdy}{t}\right)$ :: MK (u). $MH = \frac{sudy}{tdx}$. Or pa le moyen de la différence de l'équation donnée l'on aur une valeur de dy en termes qui seront tous affectés par dx laquelle étant substituée dans $\frac{sudy}{tdx}$, les dx se détruiront; & partant la valeur de MH sera exprimée en termes entiére ment connus. Ce qui donne cette construction.

Soit menée MH parallele à la touchante en N & éga le à la valeur que l'on vient de trouver: soit tirée H parallele à FM, qui rencontre en T la droite FK, par où & par le point donné M soit menée la tangente cherchée MT

EXEMPLE.

FIG. 16. 30. SI l'on veut que la courbe ANB soit un quart d cercle qui ait pour centre le point fixe F, que la cou be CPD soit le rayon APF perpendiculaire sur la droit $FKGQTB$, & que l'arc AN (y) soit toûjours à la droite A (x) comme le quart de cercle ANB (b) au rayon AF (a); l courbe EMG deviendra la Quadratrice AMG de *Dinostrat* & l'on aura MH $\left(\frac{sudy}{tdx}\right) = \frac{asdy - sxdy}{adx}$, puisque FP ou M $(u) = a - x$, & FN $(t) = a$. Mais l'analogie supposée donn $ay = bx$, & $ady = bdx$. Mettant donc dans la valeur de M à la place de x & de dy leurs valeurs $\frac{ay}{b}$ & $\frac{bdx}{a}$, on trou vera $MH = \frac{bs - ys}{a}$. Ce qui donne cette construction.

Soit menée MH perpendiculaire sur FM, & égale à l'a MQ décrit du centre F, & soit tirée HT parallele à FM je dis que la ligne MT sera tangente en M. Car à cau des secteurs semblables FNB, FMQ, l'on aura FN $(a$ FM (s) :: NB $(b-y)$. $MQ = \frac{bs - sy}{a}$.

COROLLAIRE.

FIG. 17. 31. SI l'on veut déterminer le point G où la quadr trice AMG rencontre le rayon FB, on imaginera un a tre rayon Fgb infiniment proche de FGB; & en m nant gf parallele à FB, la proprieté de la quadratri

& les triangles ſemblables *FBb*, *gfF*, réctangles en *B* & en *f*, donneront *AB*. *AF* :: *Bb*. *Ff* :: *FB* ou *AF*. *gf* ou *FG*. D'où l'on voit que ſi l'on prend une troiſiéme proportionnelle au quart de cercle *AB* & au rayon *AF*, elle ſera égale à *FG*, c'eſt-à-dire que $FG = \frac{aa}{b}$. Ce qui donne lieu d'abréger la conſtruction des tangentes.

Car menant *TE* parallele à *MH*, les triangles ſemblables *FMK*, *FTE* donneront *MK* $(a - x)$. *MF* (s) :: *ET* ou *MH* $\left(\frac{bs - sy}{a}\right)$. $FT = \frac{bss - yss}{aa - ax} = \frac{bss}{aa}$. en mettant pour x ſa valeur $\frac{ay}{b}$, & diviſant en ſuite le tout par $b - y$; d'où il eſt clair que la ligne *FT* eſt troiſiéme proportionnelle à *FG* & à *FM*. FIG. 16.

PROPOSITION X.

Problême.

32. SOIT *une ligne courbe* AMB *telle qu'ayant mené d'un de ſes points quelconques* M *aux foyers* F, G, H, *&c. les droites* MF, MG, MH, *&c. leur relation ſoit exprimée par une équation quelconque : & ſoit propoſé de mener du point donné* M *la perpendiculaire* MP *ſur la tangente en ce point.* FIG. 18.

Ayant pris ſur la courbe *AB* l'arc *Mm* infiniment petit, & mené les droites *FRm*, *GmS*, *HmO*, on décrira des centres *F*, *G*, *H* les petits arcs de cercles *MR*, *MS*, *MO*; en ſuite du centre *M* & d'un intervalle quelconque on décrira de même le cercle *CDE* qui coupe les lignes *MF*, *MG*, *MH* aux points *C*, *D*, *E*, d'où l'on abaiſſera ſur *MP* les perpendiculaires *CL*, *DK*, *EI*. Cette préparation étant faite, je remarque

1°. Que les triangles réctangles *MRm*, *MLC* ſont ſemblables; car en ôtant des angles droits *LMm*, *RMC* l'angle commun *LMR*, les reſtes *RMm*, *LMC* ſeront égaux, & de plus ils ſont réctangles en *R* & *L*. On prouvera de même que les triangles réctangles *MSm* & *MKD*, *MOm* & *MIE* ſont ſemblables. Partant, puiſque l'hypothenuſe *Mm* eſt commune aux petits triangles *MRm*, *MSm*, *MOm*, & que les hypothenuſes *MC, MD, ME* des triangles *MLC, MKD, MIE* ſont égales entr'elles ; il s'enſuit que les perpendiculaires *CL, DK, EI* ont le même rapport entr'elles que les différences *Rm, Sm, Om.*

2°. Que les lignes qui partent des foyers ſitués du même côté de la perpendiculaire *MP* croiſſent pendant que les autres diminüent, ou au contraire. Comme dans la figure 18. *FM* croiſt de ſa différence *Rm*, pendant que les autres *GM, HM* diminüent des leurs *Sm, Om.*

Si l'on ſuppoſe à préſent, pour fixer ſes idées, que l'équation qui exprime la relation des droites *FM* (x), *GM* (y), *HM* (z), ſoit $ax + xy - zz = 0$, dont la différence eſt $adx + ydx + xdy - 2zdz = 0$; Il eſt évident que la tangente en *M* (qui n'eſt autre choſe que la continüation du petit côté *Mm* du poligone que l'on conçoit* compoſer la courbe *AMB*) doit être tellement placée qu'en menant d'un de ſes points quelconques *m* des paralleles *mR, mS, mO* aux droites *FM, GM, HM*, terminées en *R, S, O* par des perpendiculaires *MR, MS, MO* à ces mêmes droites, on ait toûjours l'équation $\overline{a+y} \times Rm + x \times Sm - 2z \times Om = 0$: ou (ce qui revient au même, en mettant à la place de *Rm, Sm, Om* leurs proportionnelles *CL, DK, EI*) que la perpendiculaire *MP* à la courbe doit être placée en ſorte que $\overline{a+y} \times CL + x \times DK - 2z \times EI = 0$. Ce qui donne cette conſtruction.

* Art. 3.

FIG. 18. 19. Que l'on conçoive que le point *C* ſoit chargé du poids $a + y$ qui multiplie la différence dx de la droite *FM* ſur laquelle il eſt ſitué, & de même le point *D* du poids x, & le point *E* pris de l'autre côté de *M* par rapport au foyer *H* (parce que le terme $- 2zdz$ eſt négatif) du poids $2z$. Je dis que la droite *MP* qui paſſe par le commun centre de peſanteur des poids ſuppoſez en *C, D, E*, ſera la perpendiculaire requiſe. Car il eſt clair par les principes de la Mécanique, que toute ligne droite, qui paſſe par le centre de peſanteur de pluſieurs poids les ſépare en ſorte que les poids d'une part multipliés chacun par ſa diſtance de cette droite, ſont préciſément égaux aux poids de l'autre part multipliés aussi chacun par sa distance de cette même droite. Donc posant le cas que x croissant, y & z croissent aussi, c'est-à-dire que les foyers F, G, H tombent du même côté de MP, comme l'on suppose toûjours en prenant la différence de l'équation donnée selon les regles prescrites ; il s'ensuit que la ligne MP laissera d'une part les poids en C & D, & de l'autre le poids en E, & qu'ainsi l'on aura $\overline{a+y} \times CL + x \times DK - 2z \times EI = 0$, qui étoit l'équation à construire. FIG. 19.

Or je dis maintenant que puisque la construction est bonne dans ce cas, elle le sera aussi dans tous les autres ; car supposant par exemple que le point M change de situation dans la courbe en sorte que x croissant, y & z diminüent, c'est-à-dire que les foyers G, H passent de l'autre côté de MP, il s'ensuit 1°. * Qu'il faut changer dans la différence de l'équation donnée les signes des termes affectés par dy, dz, ou par leurs proportionnelles DK, EI ; de sorte que l'équation à construire sera dans ce nouveau cas $\overline{a+y} \times CL - x \times DK + 2z \times EI = 0$. 2°. Que les poids en D & E changeront de côté par rapport à MP, & qu'ainsi l'on aura par la proprieté du centre de pesanteur $\overline{a+y} \times CL - x \times DK + 2z \times EI = 0$, qui est l'équation à construire. Et comme cela arrive toûjours dans tous les cas possibles, il s'ensuit, &c. FIG. 18. *Art. 8.

Il est évident que le même raisonnement subsistera toûjours tel que soit le nombre des foyers, & telle que puisse être l'équation donnée, de sorte que l'on peut énoncer ainsi la construction générale.

Soit prise la différence de l'équation donnée dont je suppose que l'un des membres soit zero, & soit décrit à discrétion du centre M un cercle CDE qui coupe les droites MF, MG, MH aux points C, D, E, dans lesquels soient conçus des poids qui ayent entr'eux le même rapport que les quantités qui multiplient les différences des lignes sur lesquelles ils sont situés. Je dis que la ligne MP qui passe par leur commun centre de pesanteur, sera la perpendiculaire requise. Il est à remarquer que si l'un des poids est négatif dans la différence de l'équation donnée, il le faut concevoir de l'autre côté du point *M* par rapport au foyer.

Fig. 20. Si l'on veut que les foyers *F, G, H* soient des lignes droites ou courbes sur qui les droites *MF, MG, MH* tombent à angles droits, la même construction aura toûjours lieu. Car menant du point *m* pris infiniment prés de *M* les perpendiculaires *mf, mg, mh* sur les foyers, & du point *M* les petites perpendiculaires *MR, MS, MO* sur ces lignes; il est clair que *Rm* sera la différence de *MF*, puisque les droites *MF, Rf* étant perpendiculaires entre les paralleles *Ff, MR*, elles seront égales, & de même que *Sm* est la différence de *MG*, & *Om* celle de *MH*; & on prouvera ensuite tout le reste comme ci-dessus.

Fig. 21. On peut encore concevoir que les foyers *F, G, H* soient tous ou en partie des lignes courbes qui ayent des commencemens fixes & invariables aux points *F, G, H*, & que la ligne courbe *AMB* soit telle qu'ayant mené par exemple d'un de ses points quelconques *M* les tangentes *MV, MX* & la droite *MG*; la relation des lignes mixtilignes *FVM, HXM* & de la droite *GM* soit exprimée par une équation quelconque. Car ayant mené du point *m* pris infiniment prés de *M* la tangente *mu*, il est clair qu'elle rencontrera l'autre tangente au point *V* (puisqu'elle n'est que la continüation du petit arc *Vu* consideré comme une petite droite), & partant que si l'on décrit du centre *V* le petit arc de cercle *MR*; *Rm* sera la difference de la ligne mixtiligne *FVM* qui devient *FVuRm*. Et tout le reste se démontrera comme ci-devant.

M. Tschirnhaus *a donné la premiere idée de ce Problême dans son livre de la Medecine de l'esprit; M.* Fatio *en a trouvé en suite une solution tres-ingénieuse qu'il a fait insérer dans les Journaux d'Hollande : mais la maniére dont ils l'ont conçeu, n'est qu'un cas particulier de la construction générale que je viens de donner.*

EXEMPLE I.

33. SOIT $axx + byy + czz - f^3 = 0$ (les droites a, b, c, f sont données) dont la différence est $axdx + bydy + czdz = 0$. C'est-pourquoy concevant en C le poids ax, en D le poids by, & en E le poids cz, c'est-à-dire des poids qui soient entr'eux comme ces réctangles; la ligne MP qui passe par leur commun centre de pesanteur, sera perpendiculaire à la courbe au point M. FIG. 22.

Mais si l'on mene FO parallele à CL, & que l'on prenne le rayon MC pour l'unité, les triangles semblables MCL, MFO donneront $FO = x \times CL$; & de même menant GR parallele à DK, & HS parallele à EI, on trouvera que $GR = y \times DK$ & $HS = z \times EI$: de sorte qu'en imaginant aux foyers F, G, H les poids a, b, c; la ligne MP, qui passe par le centre de pesanteur des poids ax, by, cz supposez en C, D, E, passera aussi par le centre de pesanteur de ces nouveaux poids. Or ce centre est un point fixe, puisque les poids en F, G, H, sçavoir a, b, c, sont des droites constantes qui demeurent toûjours les mêmes en quelque endroit que se trouve le point M. D'où il suit que la courbe AMB doit être telle que toutes ses perpendiculaires se coupent dans le même point, c'est-à-dire qu'elle sera un cercle qui aura pour centre ce point. Voici donc une proprieté tres-remarquable du cercle que l'on peut énoncer ainsi.

S'il y a sur un même plan autant de poids a, b, c, &c. que l'on voudra, situés en F, G, H, &c. & que l'on décrive de leur commun centre de pesanteur un cercle AMB; je dis qu'ayant mené d'un de ses points quelconques M, les droites MF, MG, MH, &c. la somme de leurs quarrés multipliés chacun par le poids qui luy répond, sera toûjours égale à une même quantité.

EXEMPLE II.

34. SOIT la courbe AMB telle qu'ayant mené d'un de ses points quelconques M au foyer F qui est un point FIG. 23.

fixe la droite MF, & au foyer G qui est une ligne droite la perpendiculaire MG; le rapport de MF à MG soit toûjours le même que de la donnée a à la donnée b.

Ayant nommé FM, x; MG, y; on aura $x.y :: a, b$, & partant $ay = bx$ dont la difference est $ady - bdx = 0$. C'est-pourquoy concevant en C pris au delà de M par rapport à F le poids b, & en D (à pareille distance de M) le poids a, & menant par leur centre commun de pesanteur la ligne MP; elle sera la perpendiculaire requise.

Il est clair par le principe de la balance, que si l'on divise la corde CD au point P en sorte que $CP.DP :: a.b$; le point P sera le centre commun de pesanteur des poids supposés en C & D.

La courbe AMB est une Section conique, sçavoir une Parabole lorsque $a = b$, une Hyperbole lorsque a surpasse b, & enfin une Ellipse lorsqu'il est moindre.

EXEMPLE III.

FIG. 24. 35. Si aprés avoir attaché les extrémités d'un fil $FZVMGMXYH$ en F & en H, & avoir fiché une petite pointe en G, on fait tendre également ce fil par le moyen d'un style placé en M, en sorte que les parties FZV, HYX soient roulées autour des courbes qui ont leur origine en F & H, que la partie MG soit double, c'est-à-dire qu'elle soit repliée en G, & que les choses demeurant en cet état l'on fasse mouvoir le style M; il est clair qu'il décrira une courbe AMB. Il est question de mener d'un point donné M sur cette courbe la perpendiculaire MP, la position du fil qui sert à la décrire étant donnée en ce point.

Je remarque que les parties droites MV, MX du fil sont toûjours tangentes en V & X, & que si l'on nomme les lignes mixtilignes $FZVM, x$; $HYXM, z$; la droite MG, y; & une ligne droite prise égale à la longueur du fil, a; l'on aura toûjours $x + 2y + z = a$: d'où je connois que la courbe AMB est comprise dans la construction générale. C'est-pourquoy prenant la difference $dx + 2dy + dz = 0$, & concevant en C le poids 1, en D le 2, & en E le poids

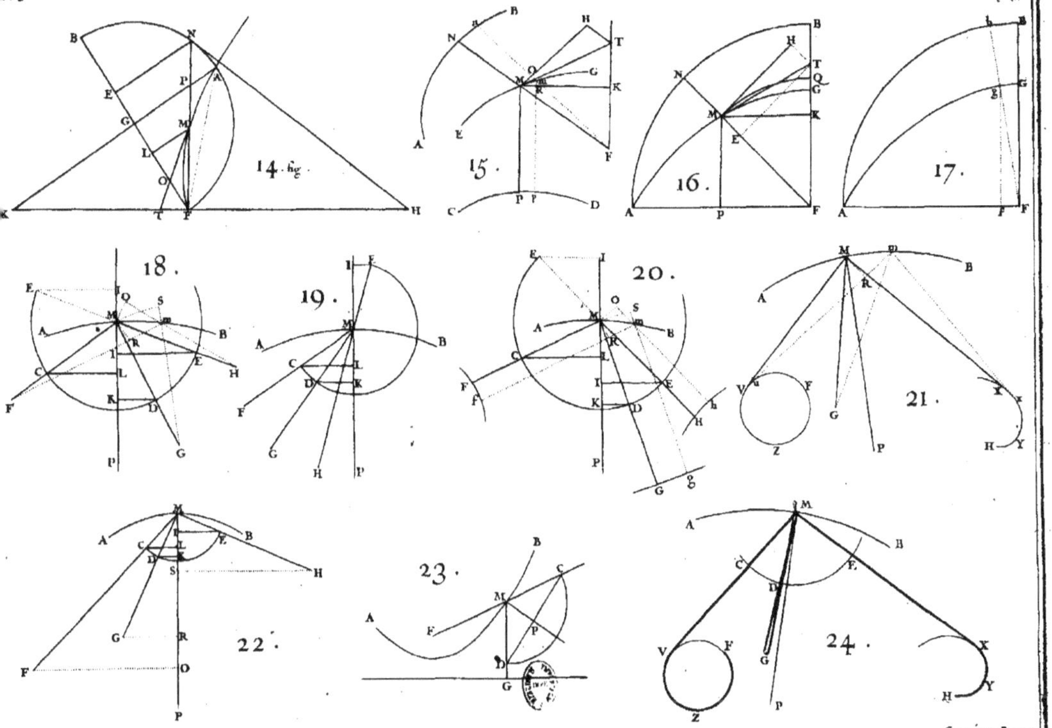

Gravé par Berey.

poids *1*; je dis que la ligne *MP*, qui passe par le centre commun de pesanteur de ces poids, sera la perpendiculaire requise.

PROPOSITION XI.

Problême.

36. SOIENT *deux lignes quelconques* APB, EQF *dont l'on sçache mener les tangentes* PG, QH; *& soit une ligne droite* PQ *sur laquelle soit marqué un point* M. *Si l'on conçoit que les extrémités* P, Q *de cette droite glissent le long des lignes* AB, EF, *il est clair que le point* M *décrira dans ce mouvement une ligne courbe* CD. *Il est question de mener d'un point donné* M *sur cette courbe la tangente* MT. FIG. 25.

Ayant imaginé que la droite mobile *PMQ* soit parvenuë dans la situation infiniment proche *pmq*, on tirera les petites droites *PO*, *MR*, *QS* perpendiculaires sur *PQ*, ce qui formera les petits triangles réctangles *pOP*, *mRM*, *qSQ*; & ayant pris *PK* égale à *MQ*, on menera la droite *HKG* perpendiculaire sur *PQ*, & l'on prolongera *OP* en *T*, où je suppose qu'elle rencontre la tangente cherchée *MT*. Cela posé, il est clair que les petites droites *Op*, *Rm*, *Sq* seront égales entr'elles, puisque par la construction *PM* & *MQ* sont par tout les mêmes.

Ayant nommé les connuës *PM* ou *KQ*, *a*; *MQ* ou *PK*, *b*; *KG*, *f*; *KH*, *g*; & la petite droite *Op* ou *Rm* ou *Sq*, *dy*; les triangles semblables *PKG* & *pOP*, *QKH* & *qSQ* donneront $PK\ (b).\ KG\ (f) :: pO\ (dy).\ OP = \frac{fdy}{b}$. Et $QK\ (a).\ KH\ (g) :: qS\ (dy).\ SQ = \frac{gdy}{a}$. Or l'on sçait par la Geométrie commune que $MR = \frac{OP \times MQ + QS \times PM}{PQ}$ $= \frac{fdy + gdy}{a + b}$. Ainsi les triangles semblables *mRM*, *MPT* donneront $mR\ (dy).\ RM\ \frac{fdy + gdy}{a + b} :: MP\ (a).\ PT = \frac{af + ag}{a + b}$. Ce qu'il falloit trouver.

PROPOSITION XII.

Problême.

FIG. 16. 37. SOIENT *deux lignes quelconques* BN, FQ *qui ayent pour axes les droites* BC, ED *qui s'entre-coupent à angles droits au point A; & soit une ligne courbe* LM *telle qu'ayant mené d'un de ses points quelconques* M *les droites* MGQ, MPN *paralleles à* AB, AE; *la relation des espaces* EGQF, *(le point E est un point fixe donné sur la droite* AE, *& la ligne* EF *est parallele à* AC) APND, *& des droites* AP, PM, PN, GQ, *soit exprimée par une équation quelconque. Il est question de mener d'un point donné* M *sur la courbe* LM, *la tangente* MT.

Ayant nommé les données & variables *AP* ou *GM*, x; *PM* ou *AG*, y; *PN*, u; *GQ*, z; l'espace *EGQF*, s; l'espace *APND*, t; & les soutangentes données *PH*, a; *GK*, b; l'on aura *Pp* ou *NS* ou $MR = dx$, *Gg* ou *Rm* ou $OQ = -dy$; $Sn = -du = \frac{udx}{a}$ à cause des triangles semblables *HPN*, *NSn*; $Oq = dz = -\frac{zdy}{b}$, $NPpn = dt = udx$, & $QGgq = ds = -zdy$; où l'on doit observer que les valeurs de *Rm* & *Sn* sont négatives, parce que *AP* (x) croissant, *PM* (y) & *PN* (u) diminuent. Cela posé, on prendra la différence de l'équation donnée, dans laquelle on mettra à la place de dt, ds, du, dz leurs valeurs $udx, -zdy, -\frac{udx}{a}, -\frac{zdy}{b}$; ce qui donnera une nouvelle équation qui exprimera le rapport cherché de dy à dx, ou de *MP* à *PT*.

EXEMPLE I.

38. SOIT $s + zz = t + ux$, on aura en prenant les différences $ds + 2zdz = dt + udx + xdu$, & mettant à la place de ds, dt, dz, du leurs valeurs, on trouvera $-zdy - \frac{2zzdy}{b} = 2udx - \frac{uxdx}{a}$, d'où l'on tire $PT\left(\frac{ydx}{dy}\right) = \frac{2ayzz + aybz}{bux - 2abu}$.

EXEMPLE II.

39. SOIT $s = t$, donc $ds = dt$, c'est-à-dire $-zdy = udx$; & partant $PT\left(\frac{ydx}{dy}\right) = -\frac{yz}{u}$. Or comme cette quantité est négative, il s'ensuit *que l'on doit prendre le point *T* du côté opposé au point *A* origine des *x*. Si l'on suppose que la ligne *FQ* soit une hyperbole qui ait pour asymptotes les droites *AC*, *AE*, en sorte que *GQ* $(z) = \frac{cc}{y}$, & que la ligne *BND* soit une droite parallele à *AB*, de maniére que *PN* (u) soit par tout égale à la droite donnée c; il est clair que la courbe *LM* a pour asymptote la droite *AB*, & que sa soutangente $PT\left(-\frac{yz}{u}\right) = -c$: c'est-à-dire qu'elle demeure par tout la même. * *Art. 10.*

La courbe *LM* est appellée dans ce cas *Logarithmique*.

PROPOSITION XIII.

Problême.

40. SOIENT *deux lignes quelconques* BN, FQ *qui ayent pour axe la même droite* BA, *sur laquelle soient marqués deux points fixes* A, E; *soit une troisiéme ligne courbe* LM *telle qu'ayant mené par un de ses points quelconques* M *la droite* AN, *décrit du centre* A *l'arc de cercle* MG, *& tiré* GQ *parallele à* EF *perpendiculaire sur* AB; *la relation des espaces* EGQF (s), ANB (t), *& des droites* AM *ou* AG (y), AN (z), GQ (u), *soit exprimée par une équation quelconque. Il faut mener d'un point donné* M *sur la courbe* LM *la tangente* MT. FIG. 27.

Aprés avoir mené la droite *ATH* perpendiculaire sur *AMN*, soit imaginé une autre droite *Amn* infiniment proche de *AMN*, un autre arc *mg*, une autre perpendiculaire *gq*; & décrit du centre *A* le petit arc *NS* : on nommera les soutangentes données *AH*, *a*; *GK*, *b*; & on aura *Rm* ou $Gg = dy$, $Sn = dz$; les triangles semblables *HAN* & *NSn*, *KGQ*

& QOq, donneront auſſi $SN = \frac{adz}{z}$, $Oq = -du = \frac{udy}{b}$, $GQqg = -ds = udy$, ANn ou $AN \times \frac{1}{2} NS = -dt = \frac{1}{2} adz$. On mettra toutes ces valeurs dans la différence de l'équation donnée, & l'on en formera une nouvelle, d'où l'on tirera une valeur de dz en dy. Or à cauſe des ſecteurs & des triangles ſemblables ANS & AMR, mRM & MAT, on trouve $AN\ (z). AM\ (y) :: NS\ (\frac{adz}{z}). MR = \frac{aydz}{zz}$. Et $mR\ (dy). RM\ (\frac{aydz}{zz}) :: AM\ (y). AT = \frac{ayydz}{zzdy}$. Si donc l'on met dans cette formule à la place de dz ſa valeur en dy, les différences ſe détruiront, & la valeur de la ſoutangente cherchée AT ſera exprimée en termes entiérement connus. Ce qu'il falloit trouver.

EXEMPLE I.

41. SOIT $uy - s = zz - t$, dont la différence eſt $udy + ydu - ds = 2zdz - dt$, ce qui donne (aprés la ſubſtitution faite) $dz = \frac{4budy - 2uydy}{4bz + ab}$; & en mettant cette valeur dans $\frac{ayydz}{zzdy}$, on trouve $AT = \frac{4abuyy - 2auy^3}{4bz^3 + abzz}$.

EXEMPLE II.

42. SOIT $s = 2t$, donc $ds = 2dt$, c'eſt-à-dire $-udy = -adz$, ou $dz = \frac{udy}{a}$; & partant $AT\ (\frac{ayydz}{zzdy}) = \frac{uyy}{zz}$.

Si la ligne BN eſt un cercle qui ait pour centre le point A, & pour rayon la droite $AB = AN = c$, & que FQ ſoit une hyperbole telle que $GQ\ (u) = \frac{ff}{y}$; il eſt clair que la courbe ML fait une infinité de retours autour du centre A avant que d'y parvenir (puiſque l'eſpace $FEGQ$ devient infini lorſque le point G tombe en A), & que $AT = \frac{ffy}{cc}$. D'où l'on voit que la raiſon de AM à AT eſt conſtante ; & partant que l'angle AMT eſt par tout le même.

La courbe LM eſt appellée en ce cas *Logarithmique ſpirale*.

PROPOSITION XIV.

Theorême.

43. Soient *sur un même plan deux courbes quelconques* AMD, BMC *qui se touchent en un point* M, *& soit sur le plan de la courbe* BMC *un point fixe* L. *Si l'on conçoit à present que la courbe* BMC *roule sur la courbe* AMD *en s'y appliquant continuëllement en sorte que les parties révoluës* AM, BM *soient toûjours égales entr'elles ; il est visible que le plan* BMC *emportant le point* L, *ce point décrira dans ce mouvement une espece de roulette* ILK. *Cela posé, je dis que si l'on mene dans chaque différente position de la courbe* BMC *(du point décrivant* L *au point touchant* M*) la droite* LM ; *elle sera perpendiculaire à la courbe* ILK. Fig. 28.

Car imaginant sur les deux courbes *AMD*, *BMC* deux parties *Mm*, *Mm* égales entr'elles & infiniment petites, on les pourra considérer *comme deux petites droites qui font au point *M* un angle infiniment petit. Or afin que le petit côté *Mm* de la courbe ou poligone *BMC* tombe sur le petit côté *Mm* du poligone *AMD* ; il faut que le point *L* décrive autour du point touchant *M* comme centre un petit arc *Ll*. Il est donc évident que ce petit arc fera partie de la courbe *ILK* ; & par-conséquent que la droite *ML*, qui luy est perpendiculaire, sera aussi perpendiculaire sur la courbe *ILK* au point *L*. Ce qu'il falloit prouver.

* *Art. 3.*

PROPOSITION XV.

Problême.

44. Soit *un angle rectiligne quelconque* MLN, *dont les côtés* LM, LN *touchent deux courbes quelconques* AM, BN. *Si l'on fait glisser ces côtés autour de ces courbes, en sorte qu'ils les touchent continuëllement ; il est clair que le sommet* L *décrira dans ce mouvement une courbe* ILK. *Il est question de mener une perpendiculaire* LC *sur cette courbe, la position de l'angle* MLN *étant donnée.* Fig. 29.

Soit décrit un cercle qui passe par le sommet *L*, & par les points touchans *M*, *N*; soit menée par le centre *C* de ce cercle la droite *CL*: je dis qu'elle sera perpendiculaire à la courbe *ILK*.

Car considérant les courbes *AM*, *BN* comme des poligones d'une infinité de côtés tels que *Mm*, *Nn*; il est évident que si l'on fait glisser les côtés *LM*, *LN* de l'angle rectiligne *MLN*, qu'on suppose demeurer toûjours le même, autour des points fixes *M*, *N*, (on considére les tangentes *LM*, *LN* comme la continuation des petits côtés *Mf*, *Ng*) jusqu'à ce que le côté *LM* de l'angle tombe sur le petit côté *Mm* du poligone *AM*, & l'autre côté *LN* sur le petit côté *Nn* du poligone *BN*; le sommet *L* décrira une petite partie *Ll* de l'arc de cercle *MLN*, puisque par la construction cet arc est capable de l'angle donné *MLN*. Cette petite partie *Ll* sera donc commune à la courbe *ILK*; & par-conséquent la droite *CL*, qui luy est perpendiculaire, sera aussi perpendiculaire sur cette courbe au point *L*. Ce qu'il falloit démontrer.

PROPOSITION XVI.

Problême.

FIG. 30. 45. SOIT ABCD *une corde parfaitement fléxible, à laquelle soient attachés différens poids* A, B, C, *&c. qui ayent entr'eux tels intervalles* AB, BC, *&c. que l'on voudra. Si l'on traîne cette corde sur un plan horizontal par l'extrémité* D, *le long d'une courbe donnée* DP; *il est clair que ces poids se disposeront en sorte qu'ils feront tendre la corde, & qu'ils décriront en suite des courbes* AM, BN, CO, *&c. On demande la maniére d'en tirer les tangentes, la position de la corde* ABCD *étant donnée avec la grandeur des poids.*

Dans le premier instant que l'extrémité *D* avance vers *P*, les poids *A*, *B*, *C* décrivent ou tendent à décrire autant de petits côtés *Aa*, *Bb*, *Cc* des poligones qui composent les courbes *AM*, *BN*, *CO*; & par-conséquent il ne faut pour en mener les tangentes *AB*, *BG*, *CK*, que déterminer la direction des poids *A, B, C* dans ce premier instant, c'est-à-dire la position des droites qu'ils tendent à décrire. Pour la trouver, je remarque

1°. Que le poids *A* est tiré dans ce premier instant suivant la direction *AB*, & comme il n'y a aucun obstacle qui s'oppose à cette direction, puisqu'il ne traîne aprés luy aucun poids, il la doit suivre ; & partant la droite *AB* sera la tangente en *A* de la courbe *AM*.

2°. Que le poids *B* est tiré suivant la direction *BC*; mais parce qu'il traîne aprés luy le poids *A* qui n'est pas dans cette direction, & qui doit par-conséquent y apporter quelque changement, le poids *B* n'aura pas sa direction suivant *BC*, mais suivant une autre droite *BG*, dont il faut trouver la position. Ce que je fais ainsi.

Je décris sur *BC* comme diagonale le réctangle *EF*, dont le côté *BF* est sur *AB* prolongée, & supposant que la force avec laquelle le poids *B* est tiré suivant *BC*, s'exprime par *BC*; il est visible par les regles de la Mécanique, que cette force *BC* se peut partager en deux autres *BE* & *BF*, c'est-à-dire que le poids *B* étant tiré suivant la direction *BC* par la force *BC*, c'est la même chose que s'il étoit tiré en même tems par la force *BE* suivant la direction *BE*, & par la force *BF* suivant la direction *BF*. Or le poids *A* ne s'oppose point à la direction *BE*, puisqu'elle luy est perpendiculaire; & par-conséquent la force *BE* suivant cette direction demeure toute entiere: mais il s'oppose avec toute sa pesanteur à la direction *BF*. Afin donc que le poids *B* avec la force *BF* vainque la résistance du poids *A*, il faut que cette force se distribuë dans ces poids à proportion de leurs masses ou grandeurs: c'est-pourquoy si l'on divise *EC* au point *G*, en sorte que *CG* soit à *GE* comme le poids *A* au poids *B*; il est clair que *EG* exprimera la force restante avec laquelle le poids *B* tend à se mouvoir suivant la direction *BF*, aprés avoir vaincu la résistance du poids *A*. Il est donc évident que le poids *B* est tiré en même tems par la force *BE* suivant la direction *BE*, & par la force *EG* suivant la direction

BF ou *EC*; & partant qu'il tendra à aller par *BG* avec sa force *BG* : c'est-à-dire que *BG* sera sa direction, & par-conséquent tangente en *B* de la courbe *BN*.

3°. Pour avoir la tangente *CK*, je forme sur *CD* comme diagonale le réctangle *HI*, dont le côté *CI* est sur *BC* prolongée; & je vois que le poids *B* ne résiste point à la force *CH* avec laquelle le poids *C* est tiré suivant la direction *CH*, mais bien à la force *CI* avec laquelle il est tiré suivant la direction *CI*, & de plus que le poids *A* résiste aussi à cette force. Pour sçavoir de combien, je tire *AL* perpendiculaire sur *CB* prolongée du côté de *B*, & je remarque que si *AB* exprime la force avec laquelle le poids *A* est tiré suivant la direction *AB*, *BL* exprimera celle avec laquelle ce même poids *A* est tiré suivant la direction *BC*; de sorte que le poids *C* avec la force *CI* doit vaincre le poids entier *B*, & de plus une partie du poids *A* qui est à ce poids *A* comme *BL* est à *BA*, ou *BF* à *BC*. Si donc l'on fait $B + \frac{A \times BF}{BC} . C :: DK . KH$. il est clair que *CK* sera la direction du poids *C*, & par-conséquent la tangente en *C* de la troisiéme courbe *CO*.

Si le nombre des courbes étoit plus grand, on trouveroit de la même maniére la tangente de la quatriéme, cinquiéme, &c. Et si l'on vouloit avoir les tangentes des courbes décrites par les points moyens entre les poids, on les trouveroit par l'art. 36.

SECTION

SECTION III.

Usage du calcul des différences pour trouver les plus grandes & les moindres appliquées, où se réduisent les questions De maximis & minimis.

DÉFINITION I.

SOit une ligne courbe *MDM* dont les appliquées *PM*, *ED*, *PM* soient paralleles entr'elles ; & qui soit telle que la coupée *AP* croissant continüellement, l'appliquée *PM* croisse aussi jusqu'à un certain point *E*, aprés lequel elle diminuë ; ou au contraire qu'elle diminuë jusqu'à un certain point *E*, aprés lequel elle croisse. Cela posé, FIG. 31. 32. 33. 34.

La ligne *ED* sera nommée *la plus grande*, ou *la moindre* appliquée.

DÉFINITION II.

Si l'on propose une quantité telle que *PM*, qui soit composée d'une ou de plusieurs indéterminées telles que *AP*, laquelle *AP* croissant continüellement, cette quantité *PM* croisse aussi jusqu'à un certain point *E*, aprés lequel elle diminuë, ou au contraire ; & qu'il faille trouver pour *AP*, une valeur *AE* telle que la quantité *ED* qui en est composée, soit plus grande ou moindre que toute autre quantité *PM* semblablement formée de *AP*. Cela s'appelle une question *De maximis & minimis*.

PROPOSITION GÉNÉRALE.

46. LA *nature de la ligne courbe* MDM *étant donnée ; trouver pour* AP *une valeur* AE *telle que l'appliquée* ED *soit la plus grande ou la moindre de ses semblables* PM.

Lorsque *AP* croissant, *PM* croît aussi ; il est évident* que sa différence *Rm* sera positive par rapport à celle de *AP* ; & qu'au contraire lorsque *PM* diminuë, la coupée *AP* crois-

* *Art. 8. 10.*

ſant toûjours, ſa différence ſera négative. Or toute quantité qui croît ou diminuë continüellement, ne peut devenir de poſitive négative, qu'elle ne paſſe par l'infini ou par le zero; ſçavoir par le zero lorſqu'elle va d'abord en diminüant, & par l'infini lorſqu'elle va d'abord en augmentant. D'où il ſuit que la différence d'une quantité qui exprime un *plus grand* ou un *moindre*, doit être égale à zero ou à l'infini. Or la nature de la courbe *MDM* étant donnée, on trouvera* une valeur de *Rm*, laquelle étant égalée d'abord à zero, & enſuite à l'infini, ſervira à découvrir la valeur cherchée de *AE* dans l'une ou l'autre de ces ſuppoſitions.

* *Sect. 1. ou 2.*

REMARQUE.

Fig. 31. 32. 47. LA tangente en *D* eſt parallele à l'axe *AB* lorſque la différence *Rm* devient nulle dans ce point; mais lorſ-
Fig. 33. 34. qu'elle devient infinie, la tangente ſe confond avec l'appliquée *ED*. D'où l'on voit que la raiſon de *mR* à *RM*, qui exprime celle de l'appliquée à la ſoutangente, eſt nulle ou infinie ſous le point *D*.

On conçoit aiſément qu'une quantité, qui diminuë continüellement, ne peut devenir de poſitive négative ſans paſſer par le zero; mais on ne voit pas avec la même évidence que lorſqu'elle augmente, elle doive paſſer par l'infini. C'eſt-pourquoy pour aider l'imagination, ſoient en-
Fig. 31. 32. tenduës des tangentes aux points *M, D, M*; il eſt clair dans les courbes où la tangente en *D* eſt parallele à l'axe *AB*, que la ſoutangente *PT* augmente continüellement à meſure que les points *M, P* approchent des points *D, E*; & que le point *M* tombant en *D*, elle devient infinie; & qu'enfin lorſque *AP* ſurpaſſe *AE*, la ſoutangente *PT* devient* négative de poſitive qu'elle étoit, ou au contraire.

* *Art. 10.*

EXEMPLE I.

Fig. 35. 48. SUPPOSONS que $x^3 + y^3 = axy$ ($AP = x$, $PM = y$, $AB = a$) exprime la nature de la courbe *MDM*. On aura en prenant les différences $3xxdx + 3yydy = axdy + aydx$,

& $dy = \frac{aydx - 3xxdx}{3yy - ax} = 0$ lorsque le point P tombe sur le point cherché E, d'où l'on tire $y = \frac{3xx}{a}$; & substituant cette valeur à la place de y dans l'équation $x^3 + y^3 = axy$, on trouve pour AE une valeur $x = \frac{1}{3}a\sqrt[3]{2}$ telle que l'appliquée ED sera plus grande que toutes ses semblables PM.

EXEMPLE II.

49. SOIT $y - a = a^{\frac{1}{3}} \times \overline{a - x}^{\frac{2}{3}}$, l'équation qui exprime la nature de la courbe MDM. On aura en prenant les différences, $dy = -\frac{2dx\sqrt[3]{a}}{3\sqrt[3]{a-x}}$ que j'égale d'abord à zero; mais parce que cette supposition me donne $-2dx\sqrt[3]{a} = 0$ qui ne peut faire connoître la valeur de AE, j'égale ensuite $\frac{-2dx\sqrt[3]{a}}{3\sqrt[3]{a-x}}$ à l'infini, ce qui me donne $3\sqrt[3]{a-x} = 0$, d'où l'on tire $x = a$, qui est la valeur cherchée de AE. FIG. 35.

EXEMPLE III.

50. SOIT une demi-roulette accourcie AMF, dont la base BF est moindre que la demi-circonférence ANB du cercle générateur qui a pour centre le point C. Il faut déterminer le point E sur le diametre AB, en sorte que l'appliquée ED soit la plus grande qu'il est possible. FIG. 36.

Ayant mené à discretion l'appliquée PM qui coupe le demi-cercle en N, on concevra à l'ordinaire aux points M, N, les petits triangles MRm, NSn, & nommant les indéterminées AP, x; PN, z; l'arc AN, u; & les données ANB, a; BF, b; CA ou CN, c; l'on aura par la propriété de la roulette ANB (a). BF (b) :: AN (u). $NM = \frac{bu}{a}$. Donc $PM = z + \frac{bu}{a}$, & sa différence $Rm = \frac{adz + bdu}{a} = 0$ lorsque le point P tombe au point cherché E. Or les triangles réctangles NSn, NPC sont semblables; car si l'on ôte des angles droits CNn, PNS l'angle commun CNS, les restes SNn, PNC seront égaux. Et partant CN (c). CP

$(c - x) :: Nn\ (du).\ Sn\ (dz) = \frac{cdu - xdu}{c}$. Donc en mettant cette valeur à la place de dz dans $adz + bdu = 0$, on trouvera $\frac{acdu - axdu + bcdu}{c} = 0$, d'où l'on tirera x (qui est en ce cas AE) $= c + \frac{bc}{a}$.

Il est donc évident que si l'on prend CE du côté de B quatriéme proportionnelle à la demi-circonférence ANB, à la base BF, & au rayon CB, le point E sera celuy qu'on cherche.

EXEMPLE IV.

FIG. 35. 51. COUPER la ligne donnée AB en un point E, en sorte que le produit du quarré de l'une des parties AE par l'autre EB, soit le plus grand de tous les autres produits formés de la même maniere.

Ayant nommé l'inconnuë AE, x; & la donnée AB, a; on aura $\overline{AE}^2 \times EB = axx - x^3$, qui doit être un *plus grand*. C'est-pourquoy on imaginera une ligne courbe MDM, telle que la relation de l'appliquée MP (y) à la coupée AP (x) soit exprimée par l'équation $y = \frac{axx - x^3}{aa}$, & on cherchera un point E tel que l'appliquée ED soit la plus grande de toutes ses semblables PM; ce qui donne $dy = \frac{2axdx - 3xxdx}{aa} = 0$, d'où l'on tire AE $(x) = \frac{2}{3}a$.

Si l'on veut en général que $x^m \times \overline{a - x}^n$ soit un *plus grand* (m & n peuvent marquer tels nombres qu'on voudra), il faudra que la difference de ce produit soit égale à zero ou à l'infini, ce qui donne $mx^{m-1}dx \times \overline{a - x}^n - n\overline{a - x}^{n-1} dx \times x^m = 0$, d'où en divisant par $x^{m-1} \times \overline{a - x}^{n-1} dx$, l'on tire $am - mx - nx = 0$, & AE $(x) = \frac{m}{m+n}a$.

Si $m = 2$, & $n = -1$, l'on aura $AE = 2a$, & il faudra alors énoncer le problême ainsi.

FIG. 37. Prolonger la ligne donnée AB du côté de B en un point E, en sorte que la quantité $\frac{\overline{AE}^2}{BE}$ soit *un moindre*, & non pas un *plus grand*; car l'équation à la courbe MDM sera

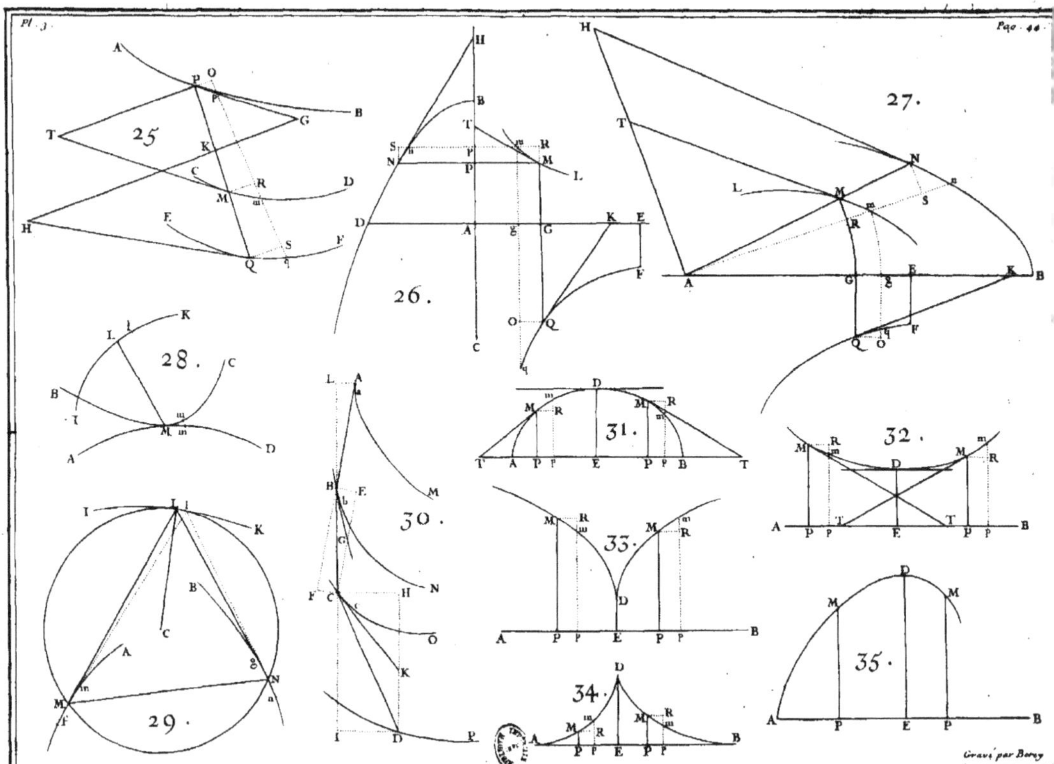
Pl. 3.
Pag. 44.
25
26.
27.
28.
29.
30.
31.
32.
33.
34.
35.
Gravé par Berey

$\frac{xx}{x-a}=y$, dans laquelle si l'on suppose $x=a$, l'appliquée PM qui devient BC sera $\frac{aa}{o}$, c'est-à-dire infinie; & supposant x infinie, l'on aura $y=x$, c'est-à-dire que l'appliquée sera aussi infinie.

Si $m=1$, & $n=-2$, l'on aura $AE=-a$; d'où il suit que l'on doit énoncer le problême alors en cette sorte.

Prolonger la droite donnée AB du côté de A en un point E, en sorte que la quantité $\frac{AE\times\overline{AB}^2}{\overline{BE}^2}$ soit plus grande que tout autre quantité semblable $\frac{AP\times\overline{AB}^2}{\overline{BP}^2}$. FIG. 38.

EXEMPLE V.

52. LA ligne droite AB étant divisée en trois parties AC, CF, FB, il faut couper sa partie du milieu CF au point E, en sorte que le rapport du réctangle $AE\times EB$ au réctangle $CE\times EF$ soit moindre que tout autre rapport formé de la même maniére. FIG. 39.

Ayant nommé les données AC, a; CF, b; CB, c; & l'inconnuë CE, x; l'on aura $AE=a+x$, $EB=c-x$, $EF=b-x$, & partant le rapport de $AE\times EB$ à $CE\times EF$ sera $\frac{ac+cx-ax-xx}{bx-xx}$ qui doit être *un moindre*. C'est-pourquoy si l'on imagine une ligne courbe MDM, telle que la relation de l'appliquée PM (y) à la coupée CP (x) soit exprimée par l'équation $y=\frac{aac+acx-aax-axx}{bx-xx}$, la question se réduit à trouver pour x une valeur CE telle que l'appliquée ED soit la moindre de toutes ses semblables PM. On formera donc (en prenant les différences, & divisant ensuite par adx) l'égalité $cxx-axx-bxx+2acx-abc=o$, dont l'une des racines résout la question.

Si $c=a+b$, l'on aura $x=\frac{1}{2}b$.

EXEMPLE VI.

53. ENTRE tous les Cones qui peuvent être inscrits

dans une sphére, déterminer celuy qui a la plus grande surface convexe.

FIG. 40. La question se réduit à déterminer sur le diametre AB du demi-cercle AFB le point E, en sorte qu'ayant mené la perpendiculaire EF, & joint AF, le réctangle $AF \times FE$ soit le plus grand de tous ses semblables $AN \times NP$. Car si l'on conçoit que le demi-cercle AFB fasse une révolution entiére autour du diametre AB, il est clair qu'il décrira une sphére, & que les triangles réctangles AEF, APN décriront des cones inscrits dans cette sphére, dont les surfaces convexes décrites par les cordes AE, AN, seront entr'elles comme les réctangles $AF \times FE$, $AN \times NP$.

Soit donc l'inconnuë $AE = x$, la donnée $AB = a$, on aura par la proprieté du cercle $AF = \sqrt{ax}$, $EF = \sqrt{ax - xx}$; & partant $AF \times FE = \sqrt{aaxx - ax^3}$ qui doit être un *plus grand*. C'est-pourquoy on imaginera une ligne courbe MDM telle que la relation de l'appliquée PM (y) à la coupée AP (x) soit exprimée par l'équation $\frac{\sqrt{aaxx - ax^3}}{a} = y$; & l'on cherchera le point E, en sorte que l'appliquée ED soit plus grande que toutes ses semblables PM. On aura donc en prenant la différence $\frac{2axdx - 3xxdx}{2\sqrt{aaxx - ax^3}} = 0$, d'où l'on tire $AE\ (x) = \frac{2}{3}a$.

EXEMPLE VII.

54. On demande entre tous les Parallélépipedes égaux à un cube donné a^3, & qui ont pour un de leurs côtés la droite donnée b, celuy qui a la moindre superficie.

Nommant x un des deux côtés que l'on cherche, l'autre sera $\frac{a^3}{bx}$; & prenant les plans alternatifs des trois côtés b, x, $\frac{a^3}{bx}$ du parallélépipede, leur somme sçavoir $bx + \frac{a^3}{x} + \frac{a^3}{b}$ sera la moitié de sa superficie qui doit être *un moindre*. C'est-pourquoy concevant à l'ordinaire une ligne courbe qui ait pour équation $\frac{bx}{a} + \frac{aa}{x} + \frac{aa}{b} = y$, l'on trouvera en prenant la différence $\frac{bdx}{a} - \frac{aadx}{xx} = 0$, d'où l'on tire $xx = \frac{a^3}{b}$, & $x = \sqrt{\frac{a^3}{b}}$; de sorte que les trois côtés du parallélépipede qui satisfait à la question, seront le premier b, le second $\sqrt{\frac{a^3}{b}}$, & le troisiéme $\sqrt{\frac{a^3}{b}}$. D'où l'on voit que les deux côtés que l'on cherchoit, sont égaux entr'eux.

EXEMPLE VIII.

55. On demande presentement entre tous les Parallélépipedes qui sont égaux à un cube donné a^3, celuy qui a la moindre superficie.

Nommant x un des côtés inconnus, il est clair par l'éxemple précédent, que les deux autres côtés seront chacun $\sqrt{\frac{a^3}{x}}$; & partant la somme des plans alternatifs qui est la moitié de la superficie, sera $\frac{a^3}{x} + 2\sqrt{a^3x}$ qui doit être *un moindre*. C'est-pourquoy sa différence $-\frac{a^3dx}{xx} + \frac{a^3dx}{\sqrt{a^3x}} = 0$, d'où l'on tire $x = a$; & par-conséquent les deux autres côtés seront aussi chacun $= a$; de sorte que le cube même donné satisfait à la question.

EXEMPLE IX.

56. La ligne AEB étant donnée de position sur un plan avec deux points fixes C, F; & ayant mené à un de ses points quelconques P deux droites CP (u), PF (z); soit donnée une quantité composée de ces indéterminées u & z, & de telles autres droites données a, b, &c. qu'on voudra. On demande quelle doit être la position des droites CE, EF, afin que la quantité donnée, qui en est composée, soit plus grande ou moindre que cette même quantité lorsqu'elle est composée des droites CP, PF. FIG. 41.

Supposons que les lignes CE, EF ayent la position requise; & ayant joint CF, concevons une ligne courbe DM telle qu'ayant mené à discrétion PQM perpendiculaire sur CF, l'appliqué QM exprime la quantité donnée: il est clair que le point P tombant au point E, l'appliquée QM qui devient OD, doit être la moindre ou la plus grande de toutes ses semblables. Il faudra donc que sa différence soit alors égale à zero ou à l'infini : c'est-pourquoy si la quantité donnée est par exemple $au + zz$, l'on aura $adu + 2zdz = 0$, & par-conséquent $du. -dz :: 2z. a$. D'où l'on voit déja que dz doit être négative par rapport à du; c'est-à-dire que la position des droites CE, EF doit être telle que u croissant, z diminuë.

Maintenant si l'on mene EG perpendiculaire à la ligne AEB, & d'un de ses points quelconques G les perpendiculaires GL, GI sur CE, EF; & qu'ayant tiré par le point e pris infiniment prés de E, les droites CKe, FeH, on décrive des centres C, F les petits arcs de cercle EK, EH: on formera les triangles réctangles ELG & EKe, EIG & EHe, qui seront semblables entr'eux ; car si l'on ôte des angles droits GEe, LEK le même angle LEe, les restes LEG, KEe seront égaux ; on prouvera de même que les angles IEG, HEe seront égaux. On aura donc $GL. GI :: Ke\ (du). He\ (-dz) :: 2z. a$. D'où il suit que la position des droites CE, EF doit être telle qu'ayant mené la perpendiculaire EG sur la ligne AEB; le sinus GL de l'angle GEC soit au sinus GI de l'angle GEF, comme les quantités qui multiplient dz sont à celles qui multiplient du. Ce qu'il falloit trouver.

COROLLAIRE.

57. Si l'on veut à présent que la droite CE soit donnée de position & de grandeur, que la droite EF le soit de grandeur seulement, & qu'il faille trouver sa position; il est clair que l'angle GEC étant donné, son sinus GL le sera aussi, & par-conséquent le sinus GI de l'angle cherché GEF. Donc si l'on décrit un cercle du diametre EG, & que l'on porte la valeur de GI sur sa circonférence de G en I; la droite EF qui passe par le point I aura la position requise.

Soit $au + bz$ la quantité donnée ; on trouvera $GI = \frac{a \times GL}{b}$; d'où l'on voit que quelque longueur qu'on donne ne à EC & à EF, la position de cette derniere sera toûjours la même, puisqu'elles n'entrent point dans la valeur de GI, qui par-conséquent ne change point. Si $a = b$, il est clair que la position de EF doit être sur CE prolongée du côté de E; puisque $GL = GI$, lorsque les points C, F tombent de part & d'autre de la ligne AEB: mais lorsqu'ils tombent du même côté, l'angle FEG doit être pris égal à l'angle CEG. FIG. 42.

EXEMPLE X.

58. LE cercle AEB étant donné de position avec les points C, F hors de ce cercle; trouver sur sa circonférence le point E tel que la somme des droites CE, EF soit la moindre qu'il est possible. FIG. 42.

Supposant que le point E soit celuy que l'on cherche, & menant par le centre O la ligne OEG, il est clair qu'elle sera perpendiculaire sur la circonférence AEB; & partant * que les angles FEG, CEG seront égaux entr'eux. Si donc l'on mene EH en sorte que l'angle EHO soit égal à l'angle CEO, & de même EK en sorte que l'angle EKO soit égal à l'angle FEO, & les paralleles ED, EL à OF, OC; on formera les triangles semblables OCE & OEH, OFE & OEK, HDE & KLE; & en nommant les connuës OE ou OA ou OB, a; OC, b; OF, c; & les inconnuës OD ou LE, x; DE ou OL, y; l'on aura $OH = \frac{aa}{b}$, $OK = \frac{aa}{c}$, & HD $(x - \frac{aa}{b})$. DE (y) :: KL $(y - \frac{aa}{c})$. LE (x). Donc $xx - \frac{aax}{b} = yy - \frac{aay}{c}$, qui est une équation à une hyperbole que l'on construira facilement, & qui coupera le cercle au point cherché E.

* Art. 57.

EXEMPLE XI.

59. UN voyageur partant du lieu C pour aller au lieu F, doit traverser deux campagnes séparées par la ligne droite AEB. On suppose qu'il parcourt dans la campagne du côté de C l'espace a dans le tems c, & dans l'autre du FIG. 43.

côté de F l'espace b dans le même tems c: on demande par quel point E de la droite AEB il doit passer, afin qu'il employe le moins de tems qu'il est possible pour parvenir de C en F. Si l'on fait a. CE (u) :: c. $\frac{cu}{a}$. Et b. EF (z) :: c. $\frac{cz}{b}$. il est clair que $\frac{cu}{a}$ exprime le tems que le voyageur employe à parcourir la droite CE, & de même que $\frac{cz}{b}$ exprime celuy qu'il employe à parcourir EF; de sorte que $\frac{cu}{a} + \frac{cz}{b}$ doit être un *moindre*. D'où il suit

*Art. 56. * qu'ayant mené EG perpendiculaire sur la ligne AB; le sinus de l'angle GEC doit être au sinus de l'angle GEF, comme a est à b.

Cela posé, si l'on décrit du point cherché E comme centre de l'intervalle EC le cercle CGH, & qu'on mene sur la droite AEB les perpendiculaires CA, HD, FB, & sur CE, EF les perpendiculaires GL, GI; l'on aura $a.b :: GL.GI$. Or $GL = AE$, & $GI = ED$, parce que les triangles réctangles GEL & ECA, GEI & EHD sont égaux & semblables entr'eux, comme il est facile à prouver. C'est-pourquoy si l'on nomme l'inconnuë AE, x; on trouvera $ED = \frac{bx}{a}$: & nommant les connuës AB, f; AC, g; BF, h; les triangles semblables EBF, EDH donneront EB $(f-x)$. BF (h) :: ED $(\frac{bx}{a})$. $DH = \frac{bhx}{af - ax}$. Mais à cause des triangles réctangles EDH, EAC, qui ont leurs hypotenuses EH, EC égales, l'on aura $\overline{ED}^2 + \overline{DH}^2 = \overline{EA}^2 + \overline{AC}^2$, c'est-à-dire en termes analytiques, $\frac{bbxx}{aa} + \frac{bbhhxx}{aaff - 2aafx + aaxx} = xx + gg$: De sorte que ôtant les fractions, & ordonnant ensuite l'égalité, il viendra

$$\begin{array}{l} aax^4 - 2aafx^3 + aaffxx - 2aafggx + aaffgg = 0. \\ -bb \quad\;\; + 2bbf \quad + aagg \\ \qquad\qquad\qquad\quad - bbff \\ \qquad\qquad\qquad\quad - bbhh \end{array}$$

On peut encore trouver cette équation de la maniére qui suit, sans avoir recours à l'exemple 9.

Ayant nommé comme auparavant les connuës AB, f; AC, g; BF, h; & l'inconnuë AE, x; on fera a. CE $(\sqrt{gg+xx})$ :: c. $\frac{c\sqrt{gg+xx}}{a}$ = au tems que le voyageur employe à parcourir la droite CE. Et de même b. EF $(\sqrt{ff-2fx+xx+hh})$ :: c. $\frac{c\sqrt{ff-2fx+xx+hh}}{b}$ = au tems que le voyageur employe à parcourir la droite EF. Ce qui fera $\frac{c\sqrt{gg+xx}}{a} + \frac{c\sqrt{ff-2fx+xx+hh}}{b}$ = à un *moindre*; & partant sa différence $\frac{cxdx}{a\sqrt{gg+xx}} + \frac{cxdx-cfdx}{b\sqrt{ff-2fx+xx+hh}}$ $=0$; d'où l'on tire, en divisant par cdx & en ôtant les incommensurables, la même égalité que ci-devant, dont l'une des racines fournira pour AE la valeur qu'on cherche.

EXEMPLE XII.

60. SOIT une poulie F qui pend librement au bout d'une corde CF attachée en C, avec un plomb D suspendu par la corde DFB qui passe au dessus de la poulie F, & qui est attachée en B, en sorte que les points C, B sont situés dans la même ligne horizontale CB. On suppose que la poulie & les cordes n'ayent aucune pesanteur; & l'on demande en quel endroit le plomb D ou la poulie F doit s'arrêter. FIG. 44.

Il est clair par les principes de la Mécanique que le plomb D descendra le plus bas qu'il luy sera possible, au dessous de l'horizontale CB; d'où il suit que la ligne à plomb DFE doit être un *plus grand*. C'est-pourquoy nommant les données CF, a; DFB, b; CB, c; & l'inconnuë CE, x; l'on aura $EF = \sqrt{aa-xx}$, $FB = \sqrt{aa+cc-2cx}$, & $DFE = b - \sqrt{aa+cc-2cx} + \sqrt{aa-xx}$ qui doit être un *plus grand*; & partant sa différence $\frac{cdx}{\sqrt{aa+cc-2cx}} - \frac{xdx}{\sqrt{aa-xx}}$ $=0$, d'où l'on tire $2cx^3 - 2ccxx - aaxx + aacc = 0$, &

divisant par $x - c$, il vient $2cxx - aax - aac = 0$, dont l'une des racines fournit pour CE une valeur telle que la perpendiculaire ED passe par la poulie F & le plomb D lorsqu'ils sont en repos.

On pourroit encore résoudre cette question d'une autre maniére que voicy.

Nommant EF, y; BF, z; l'on aura $b - z + y =$ à un *plus grand*; & partant $dy = dz$. Or il est clair que la poulie F décrit le cercle CFA autour du point C comme centre; & partant si du point f pris infiniment prés de F, l'on mene fR parallele à CB, & fS perpendiculaire sur BF, l'on aura $FR = dy$, & $FS = dz$. Elles seront donc égales entr'elles; & par-conséquent les petits triangles réctangles FRf, FSf, qui ont de plus l'hypotenuse Ff commune, seront égaux & semblables; d'où l'on voit que l'angle RFf est égal à l'angle SFf, c'est-à-dire que le point F doit être tellement situé dans la circonférence FA, que les angles faits par les droites EF, FB sur les tangentes en F soient égaux entr'eux: ou bien (ce qui revient au même) que les angles BFC, DFC soient égaux.

Cela posé, si l'on mene FH, ensorte que l'angle FHC soit égal à l'angle CFB ou CFD; les triangles CBF, CFH seront semblables; comme aussi les triangles réctangles ECF, EFH, puisque l'angle CFE est égal à l'angle FHE, étant l'un & l'autre le complément à deux droits, des angles égaux FHC, CFD; & par-conséquent on aura $CH = \frac{aa}{c}$, & $HE\ (x - \frac{aa}{c}).\ EF\ (y) :: EF\ (y).\ EC\ (x)$. Donc $xx - \frac{aax}{c} = yy = aa - xx$ par la proprieté du cercle, d'où l'on tire la même égalité que ci-devant.

EXEMPLE XIII.

FIG. 45. 61. L'ÉLÉVATION du pole étant donnée, trouver le jour du plus petit crépuscule.

Soit C le centre de la sphére; $APTOBHQ$ le méridien; $HDdO$ l'horizon; $QEeT$ le cercle crépusculaire parallele à l'horizon; *AMNB* l'équateur; *FEDG* la portion du parallele à l'équateur, que décrit le Soleil le jour du plus petit crépuscule, renfermée entre les plans de l'horizon & du cercle crépusculaire; *P* le pole austral; *PEM*, *PDN* des quarts de cercles de déclinaison. L'arc *HQ* ou *OT* du méridien compris entre l'horizon & le cercle crépusculaire, & l'arc *OP* de l'élévation du pole sont donnés; & par-conséquent leurs sinus droits *CI* ou *FL* ou *QX*, & *OV*. L'on cherche le sinus *CK* de l'arc *EM* ou *DN* de la déclinaison du Soleil lorsqu'il décrit le parallele *ED*.

S'imaginant une autre portion *fedg* d'un parallele à l'équateur, infiniment proche de *FEDG*, avec les quarts de cercles *Pem*, *Pdn*; il est clair que le temps que le Soleil employe à parcourir l'arc *ED*, devant être un *moindre*, la différence de l'arc *MN* qui en est la mesure, & qui devient *mn* lorsque *ED* devient *ed*, doit être nulle; d'où il suit que les petits arcs *Mm*, *Nn*, & par-conséquent les petits arcs *Re*, *Sd* seront égaux entr'eux. Or les arcs *RE*, *SD* étant renfermés entre les mêmes paralleles *ED*, *ed*, sont aussi égaux, & les angles en *S* & en *R* sont droits. Donc les petits triangles réctangles *ERe*, *DSd* (que l'on considére comme réctilignes * à cause de l'infinie petitesse de leurs côtés, seront égaux & semblables; & par-conséquent les hypotenuses *Ee*, *Dd* seront aussi égales entr'elles. *Art. 3.

Cela posé, les droites *DG*, *EF*, *dg*, *ef* communes sections des plans *FEDG*, *fedg* paralleles à l'équateur, avec l'horizon & le cercle crépusculaire, seront perpendiculaires sur les diametres *HO*, *QT*, puisque les plans de tous ces cercles sont perpendiculaires chacun sur le plan du méridien; & les petites droites *Gg*, *Ff* seront égales entr'elles, puisque les droites *FG*, *fg* sont paralleles. Donc $\sqrt{Dd^2 - Gg^2}$ ou $DG - dg = \sqrt{Ee^2 - Ff^2}$ ou $fe - FE$. Or il est clair par ce que l'on a démontré dans l'article 50. que si l'on mene à discrétion dans un demi-cercle deux appliquées infiniment proches, le petit arc qu'elles renferment, sera à leur différence, comme le rayon est à la coupée depuis le centre ; ce qui donne ici (à cause des cercles *HDO*, *QET*) *CO*. *CG* :: *Dd* ou *Ee*. *DG* — *dg* ou *fe* — *FE* :: *IQ*. *IF* :: *CO* + *IQ* ou *OX*. *CG* + *IF* ou *GL*. Mais à cause des triangles réctangles semblables *CVO*, *CKG*, *FLG*, l'on aura *CO*. *CG* :: *OV*. *GK*. Et *GK*. *GL* :: *CK*. *FL* ou *QX*. Donc *OV*. *CK* :: *OX*. *XQ* :: *XQ*. *XH* par la proprieté du cercle : c'est-à-dire que si l'on prend *QX* pour le rayon ou sinus total dans le triangle réctangle *QXH*, dont l'angle *HQX* est de 9 degrés, parce que les Astronomes font l'arc *HQ* de 18 degrés, l'on aura comme le sinus total est à la tangente de 9 degrés, de même le sinus de l'élévation du pole est au sinus de la déclinaison australe du Soleil dans le temps du plus petit crépuscule. D'où il suit que si l'on ôte 0.8002875 du logarithme du sinus de l'élévation du pole ; le reste sera le logarithme du sinus cherché. Ce qu'il falloit trouver.

SECTION IV.

Usage du calcul des différences pour trouver les points d'infléxion & de rebroussement.

COMME l'on se servira dans la suite des différences secondes, troisiémes, &c. il est nécessaire d'en donner une idée avant que d'aller plus loin.

DÉFINITION I.

La portion infiniment petite dont la différence d'une quantité variable augmente ou diminuë continuellement, est appellée la *différence de la différence* de cette quantité, ou bien sa *différence seconde*. Ainsi si l'on imagine une troisiéme appliquée *nq* infiniment proche de la seconde *mp*, & qu'on mene *mS* parallele à *AB*, & *mH* parallele à *RS*; on appellera *Hn* la *différence de la différence Rm*, ou bien la *différence seconde* de *PM*. FIG. 46.

De même si l'on imagine une quatriéme appliquée *of* infiniment proche de la troisiéme *nq*, & qu'on mene *nT* parallele à *AB*, & *nL* parallele à *ST*; on appellera la différence des petites droites *Hn*, *Lo*, la *différence de la différence seconde*, ou bien la *différence troisiéme* de *PM*. Et ainsi des autres.

AVERTISSEMENT.

On marquera dans la suite chaque différence par un nombre de d *qui en exprime l'ordre ou le genre. Par exemple, on marquera par* dd *la différence seconde ou du second genre; par* ddd, *la différence troisiéme ou du troisiéme genre; par* dddd, *la différence quatriéme ou du quatriéme genre; & de même des autres. Ainsi* ddy *exprimera* Hn; dddy, Lo — Hn; *&c.*

Quant aux puissances de ces différences, on les marquera par des chiffres postérieurs mis au dessus, comme l'on fait ordinairement celles des grandeurs entiéres. Par exemple, le quarré, ou le cube de dy *sera* dy^2, *ou* dy^3; *le quarré, ou le cube de* ddy *sera* ddy^2, *ou* ddy², *celuy de* dddy *sera* dddy², *ou* dddy³; *celuy de* ddddy *sera* ddddy², *ou* ddddy³, *&c.*

COROLLAIRE I.

62. Si l'on nomme chacune des coupées *AP*, *Ap*, *Aq*, *Af*, *x*; chacune des appliquées *PM*, *pm*, *qn*, *fo*, *y*; & chacune des portions courbes *AM*, *Am*, *An*, *Ao*, *u*; il est clair que *dx* exprimera les différences *Pp*, *pq*, *qf* des coupées; *dy* les différences *Rm*, *Sn*, *To* des appliquées; & *du* les différences *Mm*, *mn*, *no* des portions de la courbe *AMD*. Or afin de prendre, par exemple, la différence seconde *Hn* de la variable *PM*; il faut imaginer sur l'axe deux petites parties *Pp*, *pq*, & sur la courbe deux autres *Mm*, *mn* pour avoir les deux différences *Rm*, *Sn*; & partant si l'on suppose que les petites parties *Pp*, *pq* soient égales entr'elles, il est clair que *dx* sera constante par rapport à *dy* & à *du*, puisque *Pp* qui devient *pq* demeure la même pendant que *Rm* qui devient *Sn*, & *Mm* qui devient *mn*, varient. On pourroit supposer que les petites parties de la courbe *Mm*, *mn* seroient égales entr'elles, & alors *du* seroit constante par rapport à *dx* & à *dy*; & enfin si l'on supposoit que *Rm* & *Sn* fussent égales, *dy* seroit constante par rapport à *dx* & à *du*, & sa différence *Hn* (*ddy*) seroit nulle.

De même pour prendre la différence troisiéme de *PM*, ou la différence de la différence seconde *Hn*, il faut imaginer sur l'axe trois petites parties *Pp*, *pq*, *qf*; sur la courbe trois autres *Mm*, *mn*, *no*; & sur les appliquées aussi trois autres *Rm*, *Sn*, *To*; & alors on aura *dx* ou *du* ou *dy* pour constante, selon qu'on supposera que les petites parties *Pp*, *pq*, *qf*, ou *Mm*, *mn*, *no*, ou *Rm*, *Sn*, *To* sont égales entr'elles. Il en est de même des différences quatriémes, cinquiémes, &c.

FIG. 47. Tout ceci se doit aussi entendre des courbes *AMD*, dont les appliquées *BM*, *Bm*, *Bn* partent toutes d'un point fixe *B*; car pour avoir, par exemple, la différence seconde de *BM*, il faut imaginer deux autres appliquées *Bm*, *Bn* qui fassent des angles *MBm*, *mBn* infiniment petits, & ayant décrit du centre *B* les petits arcs de cercle *MR*, *mS*; la différence des

des petites droites Rm, Sn, sera la différence seconde de BM; & l'on pourra prendre pour constants les petits arcs MR, mS, ou les petites portions de la courbe Mm, mn, ou enfin les petites droites Rm, Sn. Il en va de même pour les différences troisiémes, quatriémes, &c. de l'appliquée BM.

REMARQUE.

63. ON doit bien remarquer, 1°. Qu'il y a différens ordres d'infiniment petits : que Rm, par éxemple, est infiniment petite par rapport à PM, & infiniment grande par rapport à Hn; de même que l'espace $MPpm$ est infiniment petit par rapport à l'espace APM, & infiniment grand par rapport au triangle MRm. FIG. 46.

2°. Que la différence entiére Pf est encore infiniment petite par rapport à AP; parce que toute quantité qui est la somme d'un nombre fini de quantités infiniment petites telles que Pp, pq, qf par rapport à une autre AP, demeure toûjours infiniment petite par rapport à cette même quantité : & qu'afin qu'elle devienne du même ordre, il faut que le nombre des quantités de l'ordre inférieur qui la compose, soit infini.

COROLLAIRE II.

64. ON peut marquer en cette sorte les différences secondes dans toutes les suppositions possibles.

1°. Dans les courbes où les appliquées mR, nS sont paralleles entr'elles, on prolongera la petite droite Mm en H où elle rencontre l'appliquée Sn; & ayant décrit du centre m, de l'intervalle mn, l'arc nk, on tirera les petites droites nl, li, kcg paralleles à mS & à Sn. Cela posé, si l'on veut que dx soit constante, c'est-à-dire que MR soit égale à mS; il est clair que le triangle mSH est semblable & égal au triangle MRm, & qu'ainsi Hn est ddy, c'est-à-dire la différence de Rm & Sn, & $Hk = ddu$. Mais si l'on suppose que du soit constante, c'est-à-dire que $Mm = mn$ ou à mk; il est évident alors que le triangle mgk est semblable & égal au triangle MRm, & qu'ainsi $kc = ddy$, & FIG. 48. 94.

Sg ou $cn = ddx$. Enfin si l'on prend dy pour constante, c'est-à-dire $mR = nS$, il s'ensuit que le triangle mil est égal & semblable au triangle MRm, & qu'ainsi iS ou $nl = ddx$, & $lk = ddu$.

FIG. 50. 51. 2°. Dans les courbes dont les appliquées BM, Bm, Bn, partent d'un même point B, l'on décrira du centre B les arcs MR, mS, que l'on regardera * comme de petites droites perpendiculaires sur Bm, Bn; & ayant prolongé Mm en E, & décrit du centre m, de l'intervalle mn, le petit arc nkE, on fera l'angle $EmH = mBn$, & l'on tirera les petites droites nl, li, kcg paralleles à mS & à Sn. Cela posé, à cause du triangle BSm réctangle en S, l'angle $BmS + mBn$, ou $+ EmH$ vaut un droit; & partant l'angle BmE vaut un droit $+ SmH$; il vaut aussi le droit $MRm + RMm$, puisqu'il est externe au triangle RMm. Donc l'angle $SmH = RMm$.

* Art. 3.

Il suit de ceci, 1°. Que si l'on veut que dx soit constante, c'est-à-dire que les petits arcs MR, mS soient égaux entr'eux, le triangle SmH sera semblable & égal au triangle RMm; & qu'ainsi $Hn = ddy$, & $Hk = ddu$. 2°. Que si l'on prend du pour constante, le triangle gmk sera semblable & égal au triangle RMm; & qu'ainsi kc exprimera ddy, & Sg ou cn, ddx. Enfin, 3°. Que si l'on prend dy pour constante, les triangles iml, RMm seront égaux & semblables; & qu'ainsi iS ou $ln = ddx$, & $lk = ddu$.

PROPOSITION I.

Problême.

65. PRENDRE *la différence d'une quantité composée de différences quelconques.*

On prendra pour constante la différence que l'on voudra, & traittant les autres comme des quantités variables, on se servira des regles prescrites dans la Section premiere.

La différence de $\frac{ydy}{dx}$, en prenant dx pour constante, sera $\frac{dy^2 + yddy}{dx}$, & $\frac{dxdy^2 - ydyddx}{dx^2}$ en prenant dy pour constante.

Celle de $\frac{z\sqrt{dx^2+dy^2}}{dx}$, en prenant dx pour constante, sera $dz\sqrt{dx^2+dy^2}+\frac{zdyddy}{\sqrt{dx^2+dy^2}}$, le tout divisé par dx, c'est-à-dire $\frac{dzdx^2+dzdy^2+zdyddy}{dx\sqrt{dx^2+dy^2}}$; & en prenant dy pour constante, elle sera $dzdx\sqrt{dx^2+dy^2}+\frac{zdx^2ddx}{\sqrt{dx^2+dy^2}}-zddx\sqrt{dx^2+dy^2}$, le tout divisé par dx^2, c'est-à-dire $\frac{dzdx^3+dzdxdy^2-zdy^2ddx}{dx^2\sqrt{dx^2+dy^2}}$.

La différence de $\frac{ydy}{\sqrt{dx^2+dy^2}}$, en prenant dx pour constante, sera $\overline{dy^2+yddy}\sqrt{dx^2+dy^2}-\frac{ydy^2ddy}{\sqrt{dx^2+dy^2}}$, le tout divisé par dx^2+dy^2, c'est-à-dire $\frac{dx^2dy^2+dy^4+ydx^2ddy}{\overline{dx^2+dy^2}\sqrt{dx^2+dy^2}}$; & en prenant dy pour constante, elle sera $\frac{dx^2dy^2+dy^4-ydydxddx}{\overline{dx^2+dy^2}\sqrt{dx^2+dy^2}}$.

La différence de $\frac{\overline{dx^2+dy^2}\sqrt{dx^2+dy^2}}{-dxddy}$ ou $\frac{\overline{dx^2+dy^2}^{\frac{3}{2}}}{-dxddy}$, en prenant dx pour constante, sera $\frac{-3dxdyddy^2\overline{dx^2+dy^2}^{\frac{1}{2}}+dxdddy\overline{dx^2+dy^2}^{\frac{3}{2}}}{dx^2ddy^2}$.

Mais il faut observer que dans ce dernier cas il n'est pas libre de prendre dy pour constante, car dans cette supposition sa différence ddy seroit nulle; & par-conséquent elle ne devroit pas se rencontrer dans la quantité proposée.

DÉFINITION II.

Lors qu'une ligne courbe *AFK* est en partie concave & en partie convexe vers une ligne droite *AB* ou vers un point fixe *B*; le point *F* qui sépare la partie concave de la convexe, & qui par-conséquent est la fin de l'une & le commencement de l'autre, est appellé point d'*infléxion*, lorsque la courbe étant parvenuë en *F* continuë son chemin vers le même côté : & point de *rebroussement* lors qu'elle rebrousse chemin du côté de son origine. FIG. 52. 53. 54. 55.

PROPOSITION II.
Problême général.

FIG. 52. 53.

66. La nature de la ligne courbe AFK étant donnée, déterminer le point d'infléxion ou de rebrouſſement F.

Suppoſons en premier lieu que la ligne courbe *AFK* ait pour diametre une ligne droite *AB*, & que ſes appliquées *PM,EF*, &c. ſoient toutes paralleles entr'elles. Si l'on mene par le point *F*, l'appliquée *FE* avec la tangente *FL* ; & par un point quelconque *M* de la partie *AF*, une appliquée *MP* avec une tangente *MT* : il eſt clair,

1°. Dans les courbes qui ont un point d'infléxion, que la coupée *AP* croiſſant continüellement, la partie *AT* du diametre, interceptée entre l'origine des *x* & la rencontre de la tangente, croît auſſi juſqu'à ce que le point *P* tombe en *E*, aprés-quoi elle va en diminüant ; d'où l'on voit que *AT* étant appliquée en *P*, doit devenir un *plus grand AL* lorſque le point *P* tombe ſur le point cherché *E*.

2°. Dans celles qui ont un point de rebrouſſement, que la partie *AT* croiſſant continüellement, la coupée *AP* croît auſſi juſqu'à ce que le point *T* tombe en *L*, aprés-quoi elle va en diminüant ; d'où l'on voit que *AP* étant appliquée en *T* doit devenir un *plus grand AE* lorſque le point *T* tombe en *L*.

Or ſi l'on nomme *AE, x* ; *EF, y* ; l'on aura $AL = \frac{ydx}{dy} - x$, dont la différence, qui eſt $\frac{dy^2dx - ydxddy}{dy^2} - dx$ (en ſuppoſant *dx* conſtante), étant diviſée par *dx* différence de *AE*,

doit être * nulle ou infinie ; ce qui donne $-\frac{yddy}{dy^2} = 0$ ou à l'infini : de ſorte que multipliant par dy^2, & diviſant par $-y$, il vient $ddy = 0$ ou à l'infini ; ce qui ſervira dans la ſuite de formule générale pour trouver le point d'infléxion ou de rebrouſſement *F*. Car la nature de la courbe *AFK* étant donnée, l'on aura une valeur de *dy* en *dx* ; & prenant la différence de cette valeur, en ſuppoſant *dx* constante, on trouvera une valeur de ddy en dx^2, laquelle étant égalée d'abord à zero, & ensuite à l'infini, servira dans l'une ou l'autre de ces suppositions à trouver pour *AE* une valeur telle que l'appliquée *EF* aille couper la courbe *AFK* au point d'infléxion ou de rebroussement *F*.

L'origine *A* des x peut être tellement situé que $AL = x - \frac{ydx}{dy}$, au lieu de $\frac{ydx}{dy} - x$, & que *AL* ou *AE* soit *un moindre* au lieu d'être un *plus grand* : mais comme la conséquence est toûjours la même, & que cela ne peut faire aucune difficulté, je ne m'y arrêterai-pas.

La même chose se peut encore trouver de cette autre maniére. Il est clair qu'en prenant dx pour constante, & supposant que l'appliquée y augmente, *Sn* est moindre que *SH* ou que *Rm* dans la partie concave, & plus grande dans la convexe. D'où l'on voit que la valeur de *Hn* (ddy) doit devenir de positive négative sous le point d'infléxion ou de rebroussement *F*; & partant *qu'elle y doit être ou nulle ou infinie. FIG. 48. 49. * *Art.* 47.

Supposons en second lieu que la courbe *AFK* ait pour appliquées les droites *BM, BF, BM*, qui partent toutes d'un même point *B*. Si l'on mene telle appliquée *BM* qu'on voudra, avec une tangente *MT* qui rencontre *BT* perpendiculaire à *BM* au point *T*; & qu'ayant pris le point *m* infiniment prés de *M*, l'on tire l'appliquée *Bm*, la tangente *mt*, & la perpendiculaire *Bt* sur *Bm*, qui rencontre *MT* en *O*; il est visible (en supposant que l'appliquée *BM*, qui devient *Bm*, augmente) que dans la partie concave, *Bt* surpasse *BO*, & qu'au contraire elle est moindre dans la partie convexe; de sorte que sous le point d'infléxion ou de rebroussement *F*, la valeur de *Ot* doit devenir de positive négative. FIG. 54. 55. FIG. 56. 57.

Cela posé, si l'on décrit du centre *B* les petits arcs de cercle *MR, TH*, on formera les triangles semblables *mRM, MBT, THO*, & les petits secteurs semblables *BMR, BTH*. Nommant donc *BM*, y; *MR*, dx; l'on aura *mR* (dy). *RM* (dx) :: *BM* (y). $BT = \frac{ydx}{dy}$ :: *MR* (dx). $TH = \frac{dx^2}{dy}$ :: *TH* $\left(\frac{dx^2}{dy}\right)$. $HO = \frac{dx^3}{dy^2}$. Or si l'on prend la différence de *BT* FIG. 56.

($\frac{ydx}{dy}$) en ſuppoſant dx conſtante, il vient $Bt - BT$ ou $Ht = \frac{dxdy^2 - ydxddy}{dy^2}$; & partant $OH + Ht$ ou $Ot = \frac{dx^3 + dxdy^2 - ydxddy}{dy^2}$. D'où il ſuit en multipliant par dy^2, & diviſant par dx, que la valeur de $dx^2 + dy^2 - yddy$ ſera nulle ou infinie ſous le point d'infléxion ou de rebrouſſement F. Or la nature de
FIG. 54. 55. la ligne AFK étant donnée, l'on aura des valeurs de dy en dx, & de ddy en dx^2, leſquelles étant ſubſtituées dans $dx^2 + dy^2 - yddy$, formeront une quantité, qui étant égalée d'abord à zero, & enſuite à l'infini, ſervira à trouver pour BF une valeur telle que décrivant du centre B, & de ce rayon un cercle, il coupera la courbe AFK au point d'infléxion ou de rebrouſſement F. Ce qui étoit propoſé.

FIG. 50. 51. Pour trouver encore la même choſe d'une autre maniére, il faut conſidérer que dans la partie concave l'angle BmE ſurpaſſe l'angle Bmn, & qu'au contraire dans la convexe il
FIG. 50. eſt moindre ; & partant que l'angle $BmE - Bmn$ ou Emn, c'eſt-à-dire l'arc En qui en eſt la meſure, devient de poſitif négatif ſous le point cherché F. Or prenant dx pour conſtante, les triangles réctangles ſemblables HmS, Hnk, donneront $Hm\ (du).\ mS\ (dx) :: Hn\ (-ddy).\ nk = -\frac{dxddy}{du}$. ou l'on doit obſerver que la valeur de Hn eſt négative, parce que $Bm\ (y)$ croiſſant, $Rm\ (dy)$ diminuë. Mais à cauſe des ſécteurs ſemblables BmS, mEk, l'on aura $Bm\ (y).\ mS\ (dx) :: mE\ (du).\ Ek = \frac{dxdu}{y}$, & partant Ek
FIG. 54. 55. $+ kn$ ou $En = \frac{dxdu^2 - ydxddy}{ydu}$. D'où il ſuit en multipliant par ydu, & diviſant par dx, que $du^2 - yddy$ ou $dx^2 + dy^2 - yddy$ doit devenir de poſitive, négative ſous le point cherché F.

Si l'on ſuppoſe que y devienne infinie, les termes dx^2 & dy^2 ſeront nuls par rapport au terme $yddy$; & par-conſéquent la formule $dx^2 + dy^2 - yddy = 0$ ou à l'infini, ſe changera en cette autre $-yddy = 0$ ou à l'infini, c'eſt-à-dire en diviſant par $-y$, $ddy = 0$ ou à l'infini, qui eſt la formule du premier cas. Ce qui doit auſſi arriver, puiſque

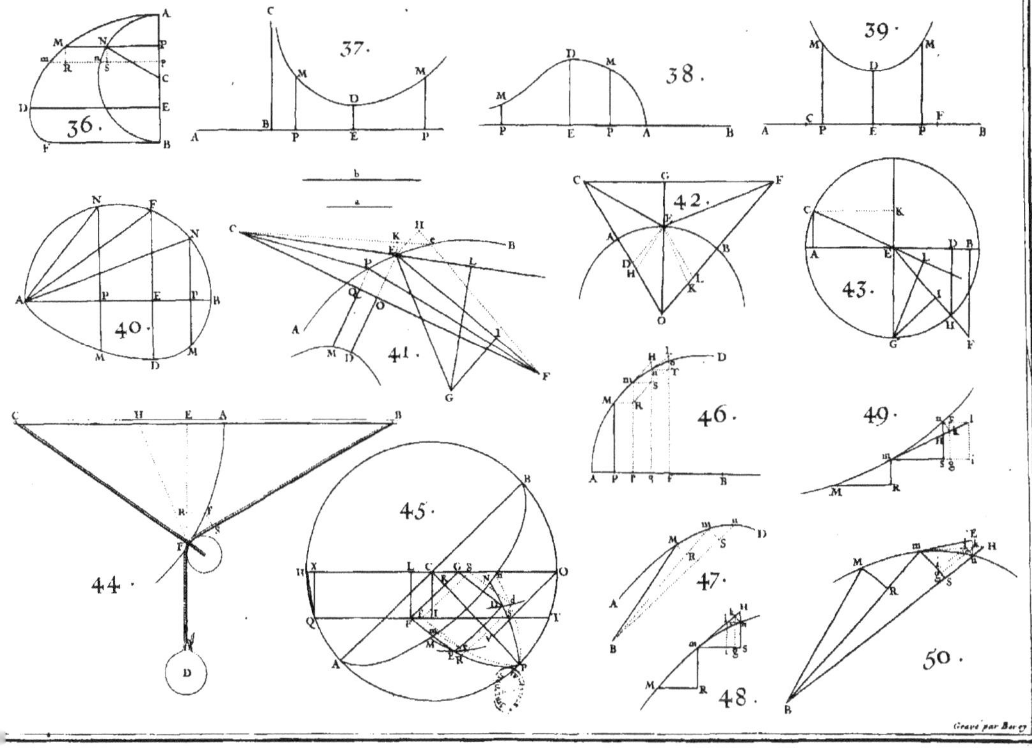
36.
37.
38.
39.
40.
41.
42.
43.
44.
45.
46.
47.
48.
49.
50.
Gravé par Berey

les appliquées BM, BF, BM deviennent alors paralleles.

COROLLAIRE.

67. LORSQUE $ddy = o$, il est clair que la différence de AL doit être nulle par rapport à celle de AE; & partant que les deux tangentes infiniment proches FL, fL doivent tomber l'une sur l'autre en ne faisant qu'une seule ligne droite fFL. Mais lorsque $ddy =$ à l'infini, la différence de AL doit être infiniment grande par rapport à celle de AE, ou (ce qui est la même chose) la différence de AE est infiniment petite par rapport à celle AL; & par-conséquent l'on peut mener par le même point F deux tangentes FL, Fl qui fassent entr'elles un angle infiniment petit LFl. FIG. 52. FIG. 55.

De même lorsque $dx^2 + dy^2 - yddy = o$, il est visible que Ot doit devenir nulle par rapport à MR; & qu'ainsi les deux tangentes infiniment proches MT, mt doivent tomber l'une sur l'autre, lorsque le point M devient un point d'infléxion ou de rebroussement : mais au contraire lorsque $dx^2 + dy^2 - yddy =$ à l'infini, Ot doit être infinie par rapport à MR, ou (ce qui est la même chose) MR infiniment petite par rapport à Ot; & par-conséquent le point m doit tomber sur le point M, c'est-à-dire qu'on peut mener par le même point M deux tangentes qui fassent entr'elles un angle infiniment petit, lorsque ce point devient un point d'infléxion ou de rebroussement. FIG. 56. 57.

Il est évident que la tangente au point d'infléxion ou de rebroussement F, étant prolongée, touche & coupe la courbe AFK dans ce même point.

EXEMPLE I.

68. SOIT une ligne courbe AFK qui ait pour diametre la ligne droite AB, & qui soit telle que la relation de la coupée AE (x) à l'appliquée EF (y), soit exprimée par l'équation $axx = xxy + aay$. Il s'agit de trouver pour AE une valeur telle que l'appliquée EF rencontre la courbe AFK au point d'infléxion F. FIG. 58.

L'équation à la courbe est $y = \frac{axx}{xx+aa}$; & partant $dy = \frac{2a^3xdx}{\overline{xx+aa}^2}$, & prenant la différence de cette quantité en supposant dx constante, & l'égalant ensuite à zero, on trouve $\frac{2a^3dx^2 \times \overline{xx+aa}^2 - 8a^3xxdx^2 \times \overline{xx+aa}}{\overline{xx+aa}^4} = 0$; ce qui multiplié par $\overline{xx+aa}^4$, & divisé par $2a^3dx^2 \times \overline{xx+aa}$, donne $xx+aa-4xx=0$, d'où l'on tire $AE\ (x) = a\sqrt{\frac{1}{3}}$.

Si l'on met à la place de xx sa valeur $\frac{1}{3}aa$ dans l'équation à la courbe $y = \frac{axx}{xx+aa}$, on trouve $EF\ (y) = \frac{1}{4}a$; de sorte qu'on peut déterminer le point d'infléxion F sans supposer que la courbe AFK soit décrite.

Si l'on mene AC parallele aux appliquées EF, & égale à la droite donnée a, & qu'on tire CG parallele à AB, elle sera asymptote de la courbe AFK. Car si l'on suppose x infinie, on pourra prendre xx pour $xx+aa$; & partant l'équation à la courbe $y = \frac{axx}{xx+aa}$ se changera en celle-ci $y=a$.

EXEMPLE II.

69. SOIT $y-a = \overline{x-a}^{\frac{3}{5}}$. Donc $dy = \frac{3}{5}\overline{x-a}^{-\frac{2}{5}}dx$, & $ddy = -\frac{6}{25}\overline{x-a}^{-\frac{7}{5}}dx^2 = \frac{-6dx^2}{25\sqrt[5]{\overline{x-a}^7}}$, en prenant dx pour constante. Or si l'on suppose cette fraction égale à zero, on trouve $-6dx^2=0$; ce qui ne faisant rien connoître: il la faut supposer infiniment grande; & par-conséquent son dénominateur $25\sqrt[5]{\overline{x-a}^7}$ infiniment petit ou zero. D'où l'inconnuë $AE\ (x) = a$.

EXEMPLE III.

FIG. 59. 70. SOIT une demi-roulette allongée AFK dont la base BK surpasse la demi-circonférence ADB du cercle générateur qui a pour centre le point C. Il s'agit de déterminer sur

sur le diametre *AB* le point *E*, en sorte que l'appliquée *EF* aille rencontrer la roulette au point d'infléxion *F*.

Ayant nommé les connuës *ADB*, *a*; *BK*, *b*; *AB*, $2c$; & les inconnuës *AE*, *x*; *ED*, *z*; l'arc *AD*, *u*; *EF*, *y*; l'on aura par la proprieté de la roulette $y = z + \frac{bu}{a}$; & partant $dy = dz + \frac{bdu}{a}$. Or par la proprieté du cercle l'on aura $z = \sqrt{2cx - xx}$, $dz = \frac{cdx - xdx}{\sqrt{2cx - xx}}$, & du $(\sqrt{dx^2 + dz^2}) = \frac{cdx}{\sqrt{2cx - xx}}$. Donc mettant pour dz & du leurs valeurs, on trouve $dy = \frac{acdx - axdx + bcdx}{a\sqrt{2cx - xx}}$, dont la difference (en prenant dx pour constante) donne $\frac{\overline{bcx - acc - bcc} \times dx^2}{\overline{2cx - xx} \times \sqrt{2cx - xx}} = 0$; d'où l'on tire *AE* $(x) = c + \frac{ac}{b}$, & *CE* $= \frac{ac}{b}$.

Il est clair qu'afin qu'il y ait un point d'infléxion *F*, il faut que *b* surpasse *a*; car s'il étoit moindre, *CE* surpasseroit *CB*.

EXEMPLE IV.

71. On demande le point d'infléxion *F* de la Conchoïde *AFK* de *Nicomede*, laquelle a pour pole le point *P*, & pour asymptote la droite *BC*. Sa proprieté est telle, qu'ayant mené du pole *P* à un de ses points quelconques *F* la droite *PF*, qui rencontre l'asymptote *BC* en *D*; la partie *DF* est toûjours égale à une même droite donnée *a*. FIG. 60.

Ayant mené *PA* perpendiculaire, & *FE* parallele à *BC*, on nommera les connuës *AB* ou *FD*, *a*; *BP*, *b*; & les inconnuës *BE*, *x*; *EF*, *y*; & tirant *DL* parallele à *BA*, les triangles semblables *DLF*, *PEF* donneront *DL* (x). *LF* $(\sqrt{aa - xx})$ :: *PE* $(b + x)$. *EF* $(y) = \frac{\overline{b + x}\sqrt{aa - xx}}{x}$. dont la difference est $dy = \frac{x^3dx + aabdx}{xx\sqrt{aa - xx}}$. Si donc on prend la difference de cette quantité, & qu'on l'égale à zero, on formera l'égalité $\frac{\overline{2a^4b - aax^3 - 3aabxx} \times dx^2}{\overline{aax^3 - x^5} \times \sqrt{aa - xx}} = 0$, qui se réduit à $x^3 + 3bxx - 2aab = 0$, dont l'une des racines fournit pour BE la valeur cherchée.

Si $a = b$, l'équation précédente se changera en cette autre $x^3 + 3axx - 2a^3 = 0$, laquelle étant divisée par $x + a$, donne $xx + 2ax - 2aa = 0$; & partant BE $(x) = -a + \sqrt{3aa}$.

Autrement.

En prenant pour appliquées les lignes PF qui partent
* *Art. 66.* du pole P, & en se servant de la formule * $yddy = dx^2 + dy^2$, dans laquelle dx a été supposée constante. Ayant imaginé une autre appliquée Pf qui fasse avec PF l'angle FPf infiniment petit, & décrit du centre P les petits arcs FG, DH, on nommera les connuës AB, a ; BP, b ; & les inconnuës PF, y ; PD, z ; & l'on aura par la proprieté de la conchoïde $y = z + a$; ce qui donne $dy = dz$. Or à cause du triangle rectangle DBP, $DB = \sqrt{zz - bb}$; & à cause des triangles semblables DBP & dHD, PDH & PFG, l'on aura DB $(\sqrt{zz - bb})$. BP (b) :: dH (dz). $HD = \frac{bdz}{\sqrt{zz - bb}}$. Et PD (z). PF $(z + a)$ :: HD $\left(\frac{bdz}{\sqrt{zz - bb}}\right)$. FG $(dx) = \frac{bzdz + abdz}{z\sqrt{zz - bb}}$. D'où l'on tire dz ou $dy = \frac{zdx\sqrt{zz - bb}}{bz + ab}$, dont la différence est (en supposant dx constante) $ddy = \frac{\overline{bz^3 + 2abzz - ab^3} \times dzdx}{\overline{bz + ab}^2 \sqrt{zz - bb}} = \frac{\overline{bz^4 + 2abz^3 - ab^3 z} \times dx^2}{\overline{bz + ab}^3}$ en mettant pour dz sa valeur. Donc si l'on substituë dans
* *Art. 66.* la formule générale * $yddy = dx^2 + dy^2$ à la place de y sa valeur $z + a$, & de dy & ddy les valeurs que l'on vient de trouver en dx & dx^2 ; on formera cette équation $\frac{\overline{z^4 + 2az^3 - abbz} \times dx^2}{\overline{bz + ab}^2} = \frac{\overline{z^4 + 2abbz + aabb} \times dx^2}{\overline{bz + ab}^2}$ qui se réduit à $2z^3 - 3bbz - abb = 0$, dont l'une des racines augmentée de a fournit la valeur de l'inconnuë PF.

Si $a = b$, l'on aura $2z^3 - 3aaz - a^3 = 0$, qui étant divisée par $z + a$, donne $zz - az - \frac{aa}{2} = 0$, dont la résolution fournit PF $(z + a) = \frac{3}{2}a + \frac{1}{2}a\sqrt{3} = \frac{3a + a\sqrt{3}}{2}$.

EXEMPLE V.

72. SOIT une autre espece de Conchoïde *AFK*, telle qu'ayant mené d'un de ses points quelconques *F* au pole *P* la droite *PF* qui coupe l'asymptote *BC* en *D*, le réctangle $PD \times DF$ soit toûjours égal au même réctangle $PB \times BA$. On demande le point d'infléxion *F*. FIG. 60.

Si l'on nomme les inconnuës *BE*, x; *EF*, y; & les connuës *AB*, a; *BP*, b; on aura $PD \times DF = ab$; & les paralleles *BD*, *EF* donneront $PD \times DF$ (ab). $PB \times BE$ (bx) :: $\overline{PF}^2$ ($bb + 2bx + xx + yy$). $\overline{PE}^2$ ($bb + 2bx + xx$). Donc $bbx + 2bxx + x^3 + yyx = abb + 2abx + axx$, ou $yy = \frac{abb + 2abx + axx - bbx - 2bxx - x^3}{x}$, & $y = \overline{b + x}\sqrt{\frac{a - x}{x}}$ $= \sqrt{ax - xx} + b\sqrt{\frac{a - x}{x}}$, dont la différence donne dy $= \frac{-axdx + 2xxdx + abdx}{2x\sqrt{ax - xx}}$; & prenant encore la différence, on forme l'égalité $\frac{3aab - aax - 4abx \times dx^2}{4ax - 4x^3 \times \sqrt{ax - x^2}} = 0$, qui se réduit à $x = \frac{3ab}{a + 4b}$ valeur de l'inconnuë *BE*.

Si l'on fait $\frac{-axdx + 2xxdx + abdx}{2x\sqrt{ax - xx}}$ valeur de dy égal à zero, l'on aura $xx - \frac{1}{2}ax + \frac{1}{2}ab = 0$, dont les deux racines $\frac{a + \sqrt{aa - 8ab}}{4}$ & $\frac{a - \sqrt{aa - 8ab}}{4}$ fournissent, lors que a surpasse $8b$, deux valeurs de *BH* & *BL*, telles que l'appliquée *HM* est moindre que ses voisines, & l'appliquée *LN* plus grande, c'est-à-dire que les tangentes en *M* & *N* seront paralleles à l'axe *AB*; & alors le point *E* tombera entre les points *H* & *L*. FIG. 61.

Mais lorsque $a = 8b$, les lignes *BH*, *BE*, *BL* seront égales chacune à $\frac{1}{4}a$; & alors la tangente au point d'infléxion *F* sera parallele à l'axe *AB*. Et enfin lorsque a est moindre que $8b$, les deux racines seront imaginaires; & par-conséquent il n'y aura aucune tangente qui puisse être parallele à l'axe. FIG. 62.

On pourroit encore résoudre cette question en prenant
FIG. 60. pour appliquées les lignes *PF*, *Pf*, qui partent du pole *P*, & en se servant de la formule $yddy = dx^2 + dy^2$, comme l'on a fait dans l'éxemple précédent.

EXEMPLE VI.

FIG. 63. 73. SOIT un cercle *AED* qui ait pour centre le point *B*, avec une ligne courbe *AFK* telle qu'ayant mené à discrétion le rayon *BFE*, le quarré de *FE* soit égal au réctangle de l'arc *AE* par une droite donnée *b*. Il faut déterminer dans cette courbe le point d'infléxion *F*.

Ayant nommé l'arc *AE*, *z*; le rayon *BA* ou *BE*, *a*; & l'appliquée *BF*, *y*; on aura $bz = aa - 2ay + yy$, & (en prenant les différences) $\frac{2ydy - 2ady}{b} = dz = Ee$. Or à cause des séćteurs semblables *BEe*, *BFG*, on fera $BE\ (a) . BF\ (y) :: Ee\ \left(\frac{2ydy - 2ady}{b}\right) . FG\ (dx) = \frac{2yydy - 2aydy}{ab}$. dont la différence, en supposant dx constante, donne $4ydy^2 - 2ady^2 + 2yyddy - 2ayddy = 0$; & partant $yddy = \frac{ady^2 - 2ydy^2}{y - a}$. Si donc on substituë à la place de dx^2 & $yddy$ leurs valeurs
* Art. 66. en dy^2 dans la formule générale* $yddy = dx^2 + dy^2$, on formera l'équation $\frac{ady^2 - 2ydy^2}{y - a} = \frac{4y^4dy^2 - 8ay^3dy^2 + 4aayydy^2 + aabbdy^2}{aabb}$ qui se réduit à $4y^5 - 12ay^4 + 12aay^3 - 4a^3yy + 3aabby - 2a^3bb = 0$, dont la résolution fournira pour *BF* la valeur cherchée.

Il est évident que la courbe *AFK*, que l'on peut appeller une *Spirale parabolique*, doit avoir un point d'infléxion *F*. Car la circonférence *AED* ne différant pas d'abord sensiblement de la tangente en *A*, il suit de la nature de la parabole qu'elle doit d'abord être concave vers cette tangente, & qu'ensuite la courbure de la circonférence autour de son centre devenant sensible, elle doit devenir concave vers ce centre.

EXEMPLE VII.

74. SOIT une ligne courbe *AFK* qui ait pour axe la droite *AB*, dont la proprieté soit telle qu'ayant mené une tangente quelconque *FB* qui rencontre *AB* au point *B*, la partie interceptée *AB* soit toûjours à la tangente *BF* en raison donnée de *m* à *n*. Il est question de déterminer le point de rebroussement *F*. FIG. 64.

Ayant nommé les inconnuës & variables *AE*, x; *EF*, y; l'on aura $EB = -\frac{ydx}{dy}$ (parce que x croissant, y diminuë), $FB = \frac{y\sqrt{dx^2+dy^2}}{dy}$. Or par la proprieté de la courbe, $AE + EB$ ou $AB\ (\frac{xdy - ydx}{dy})$. $BF\ (\frac{y\sqrt{dx^2+dy^2}}{dy})$ :: $m.n$. Donc $m\sqrt{dx^2+dy^2} = \frac{nxdy}{y} - ndx$, & sa différence donne $\frac{mdyddy}{\sqrt{dx^2+dy^2}} = \frac{-nydxdy + nxyddy - nxdy^2}{yy}$ en supposant dx constante & négative ; d'où l'on tire $ddy = \frac{\overline{-nydxdy - nxdy^2}\sqrt{dx^2+dy^2}}{myydy - nxy\sqrt{dx^2+dy^2}}$. Maintenant si l'on fait cette fraction égale à zero, on trouvera $-ydx - xdy = 0$; ce qui ne fait rien connoître. C'est-pourquoy il faut supposer cette fraction égale à l'infini, c'est-à-dire son dénominateur égal à zero ; ce qui donne $\sqrt{dx^2+dy^2} = \frac{mydy}{nx} = \frac{nxdy - nydx}{my}$ à cause de l'équation à la courbe, d'où l'on tire $dx = \frac{nnxxdy - mmyydy}{nnxy}$. Or quarrant chaque membre de l'équation $mydy = nx\sqrt{dx^2+dy^2}$, on trouve encore $dx = \frac{dy\sqrt{mmyy - nnxx}}{nx} = \frac{nnxxdy - mmyydy}{nnxy}$, d'où l'on tire enfin $y\sqrt{mm - nn} = nx$; ce qui donne cette construction.

Soit décrit du diametre $AD = m$, un demi-cercle *AID* ; & ayant pris la corde $DI = n$, soit tirée l'indéfinie *AI*. Je dis qu'elle rencontrera la courbe *AFK* au point de rebroussement *F*.

Car ayant mené IH perpendiculaire à AB, les triangles réctangles semblables DIA, IHA, FEA donneront DI $(n). IA (\sqrt{mm-nn}) :: IH. HA :: FE (y). EA (x).$ & partant $y\sqrt{mm-nn} = nx$ qui étoit le lieu à construire.

Il est clair que BF est parallele à DI, puisque $AB. BF :: AD (m). DI (n).$ d'où il suit que l'angle AFB est droit ; & partant que les lignes AB, BF, BE sont en proportion continuë.

On peut trouver cette même proprieté sans aucun calcul, si l'on imagine * au même point de rebroussement F deux tangentes FB, Fb qui fassent entr'elles un angle BFb infiniment petit. Car décrivant du centre F le petit arc BL, on aura $m. n :: Ab. bF :: AB. BF :: Ab - AB$ ou $Bb. bF - BF$ ou $bL :: BF. BE.$ à cause des triangles réctangles semblables BbL, FBE. Donc, &c.

* Art. 67.

Si $m = n$, il est évident que la droite AF deviendra perpendiculaire sur l'axe AB ; & qu'ainsi la tangente FB sera parallele à cet axe ; ce que l'on sçait d'ailleurs devoir arriver, puisqu'en ce cas la courbe AF doit être un demicercle qui ait son diametre perpendiculaire sur l'axe AB. Mais si m étoit moindre que n, il est évident qu'il n'y auroit aucun point de rebroussement, parce qu'alors l'équation $y\sqrt{mm-nn} = nx$ renfermeroit une contradiction.

SECTION V.

Usage du calcul des différences pour trouver les Dévelopées.

DÉFINITION.

SI l'on conçoit qu'une ligne courbe quelconque *BDF* concave vers le même côté, soit envelopée ou entourée d'un fil *ABDF*, dont l'une des extrémités soit fixe en *F*, & l'autre soit tenduë le long de la tangente *BA*, & que l'on fasse mouvoir l'extrémité *A* en la tenant toûjours tenduë & en dévelopant continüellement la courbe *BDF*; il est clair que l'extrémité *A* de ce fil décrira dans ce mouvement une ligne courbe *AHK*. FIG. 65.

Cela posé, la courbe *BDF* sera nommée la *Dévelopée* de la courbe *AHK*.

Les parties droites *AB*, *HD*, *KF* du fil *ABDF* seront nommées les *rayons de la dévelopée*.

COROLLAIRE I.

75. DE ce que la longueur du fil *ABDF* demeure toûjours la même, il suit que la portion de courbe *BD* est égale à la différence des rayons *DH*, *BA* qui partent de ses extrémités; de même la portion *DF* sera égale à la différence des rayons *FK*, *DH*; & la courbe entiére *BDF* à la différence des rayons *FK*, *BA*. D'où l'on voit que si le rayon *BA* de la courbe étoit nul, c'est-à-dire que si l'extrémité *A* du fil tomboit sur l'origine *B* de la courbe *BDF*, alors les rayons de la dévelopée *DH*, *FK* seroient égaux aux portions *BD*, *BDF* de la courbe *BDF*.

COROLLAIRE II.

76. SI l'on considére la courbe *BDF* comme un poligone *BCDEF* d'une infinité de côtés; il est clair que l'extrémité *A* du fil *ABCDEF* décrit le petit arc *AG* qui a pour FIG. 66.

centre le point *C*, jusqu'à ce que le rayon *CG* ne fasse plus qu'une ligne droite avec le petit côté *CD* voisin de *CB*; & de même qu'elle décrit le petit arc *GH* qui a pour centre le point *D*, jusqu'à ce que le rayon *DH* ne fasse plus qu'une droite avec le petit côté *DE*; & ainsi de suite jusqu'à ce que la courbe *BCDEF* soit entiérement dévelopée. La courbe *AHK* peut être donc considérée comme l'assemblage d'une infinité de petits arcs de cercle *AG*, *GH*, *HI*, *IK*, &c. qui ont pour centre les points *C*, *D*, *E*, *F*, &c. D'où il suit,

1°. Que les rayons de la dévelopée la touchent continüellement comme *DH* en *D*, *KF* en *F*, &c. Et qu'ils sont tous perpendiculaires à la courbe *AHK* qu'ils décrivent, comme *DH* en *H*, *FK* en *K*, &c. Car *DH*, par exemple, est perpendiculaire sur le petit arc *GH* & sur le petit arc *HI*, puisqu'elle passe par leurs centres *D*, *E*. D'où

FIG. 65. l'on voit, 1°. que la dévelopée *BDF* termine l'espace où tombent toutes les perpendiculaires à la courbe *AHK*. 2°. Que si l'on prolonge un rayon quelconque *HD* qui coupe le rayon *AB* en *R*, jusqu'à ce qu'il rencontre un autre rayon quelconque *KF* en *S*, l'on pourra toûjours mener de tous les points de la partie *RS* deux perpendiculaires sur la courbe *AHK*, excepté du point touchant *D* duquel on n'en peut mener qu'une seule sçavoir *DH*. Car il est clair que l'intersection *R* des rayons *AB*, *DH* parcourt tous les points de la partie *RS*, pendant que le rayon *AB* décrit par son extrémité *A* la ligne *AHK* sur laquelle il est continüellement perpendiculaire : & que les rayons *AB*, *HD* ne se confondent que lorsque l'intersection *R* tombe sur le point touchant *D*.

FIG. 66. 2°. Que si l'on prolonge les petits arcs *HG* en *l*, *IH* en *m*, *KI* en *n*, &c. vers l'origine *A* du développement, chaque petit arc comme *IH* touchera en dehors son voisin *HG*, parce que les rayons *CA*, *DG*, *EH*, *FI* vont toûjours en augmentant à mesure que les petits arcs qui composent la courbe *AHK*, s'éloignent du point *A*. Par la même raison si l'on prolonge les petits arcs *AG* en *o*, *GH* en *p*,

HI

HI en *q*, vers le côté opposé au point *A*; chaque petit arc comme *HI* touchera en dessous son voisin *IK*. Or puisque les points *H* & *I*, *D* & *E* peuvent être considérés comme tombant l'un sur l'autre à cause de l'infinie petitesse, tant de l'arc *HI*, que du côté *DE*; il s'ensuit que si l'on décrit d'un point quelconque moyen *D* de la dévelopée *BDF* comme centre, & de son rayon *DH* un cercle *mHp*, il touchera en dehors la partie *HA* qui tombera toute entiere au dedans de ce cercle, & en dedans de l'autre partie *HK* qui tombera toute entiere au dehors de ce même cercle : c'est-à-dire qu'il touchera & coupera la courbe *AHK* au même point *H*, de même que la tangente au point d'infléxion coupe la courbe dans ce point.

3°. Le rayon *HD* du petit arc *HG*, ne différant des rayons *CG*, *EH* des arcs voisins *GA*, *HI*, que d'une quantité infiniment petite *CD* ou *DE*; il s'ensuit que pour peu qu'on diminuë le rayon *DH*, il sera moindre que *CG*, & qu'ainsi son cercle touchera en dessous la partie *HA*; & qu'au contraire pour peu qu'on l'augmente, il surpassera *HE*, & qu'ainsi son cercle touchera en dehors la partie *HK*: de sorte que le cercle *mHp* est le plus petit de tous ceux qui touchent en dehors la partie *HA*, & au contraire le plus grand de tous ceux qui touchent en dedans la partie *HK*: c'est-à-dire qu'entre ce cercle & la courbe on n'en peut faire passer aucun autre.

4°. Comme la courbure des cercles augmente à proportion que leurs rayons diminüent, il s'ensuit que la courbure du petit arc *HI* sera à la courbure du petit arc *AG* réciproquement comme le rayon *BA* ou *CA* de ce dernier est à son rayon *DH* ou *EH* : c'est-à-dire que la courbure en *H* de la courbe *AHK* sera à sa courbure en *A* comme le rayon *BA* au rayon *DH*; & de même que la courbure en *K* est à la courbure en *H* comme le rayon *DH* est au rayon *FK*. D'où l'on voit que la courbure de la ligne *AHK* diminuë continüellement à mesure que la ligne *BDF* se dévelope; de sorte qu'au point *A*, où commence le dévelopement, elle est la plus grande qu'il est possible;

& au point *K*, où je suppose qu'il cesse, la plus petite.

5°. Que les points de la dévelopée ne sont autre chose que le concours des perpendiculaires menées par les extrémités des petits arcs qui composent la courbe *AHK*. Par exemple, le point *D* ou *E* est le concours des perpendiculaires *HD*, *IE*, du petit arc *HI*; de sorte que si la courbe *AHK* est donnée avec la position d'une de ses perpendiculaires *HD*, pour trouver le point *D* ou *E*, où elle touche la dévelopée, il ne faut que chercher le point de concours des perpendiculaires infiniment proches *HD*, *IE*: c'est ce qu'on va enseigner dans le Problême qui suit.

PROPOSITION I.

Problême général.

FIG. 67. 77. LA *nature de la ligne courbe* AMD *étant donnée avec une de ses perpendiculaires quelconque* MC; *déterminer la longueur du rayon* MC *de sa dévelopée : c'est-à-dire le concours des perpendiculaires infiniment proches* MC, mC.

Supposons en premier lieu que la ligne courbe *AMD* ait pour axe la ligne droite *AB* sur laquelle les appliquées *PM* soient perpendiculaires. On imaginera une autre appliquée *mp*, qui sera infiniment proche de *MP*; puisque le point *m* est supposé infiniment prés de *M*. On menera par le point de concours *C* une parallele *CE* à l'axe *AB*, laquelle rencontre les appliquées *MP*, *mp* aux points *E*, *e*. Enfin menant *MR* parallele à *AB*, on formera les triangles réctangles semblables *MRm*, *MEC*; car les angles *EMR*, *CMm* étant droits, & l'angle *CMR* leur étant commun, l'angle *EMC* sera égal à l'angle *RMm*.

Si donc l'on nomme les données *AP*, x; *PM*, y; l'inconnuë *ME*, z; l'on aura *Ee* ou *Pp* ou $MR = dx$, $Rm = dy = dz$, $Mm = \sqrt{dx^2 + dy^2}$; & $MR\ (dx).\ Mm\ (\sqrt{dx^2+dy^2}) :: ME\ (z).\ MC = \frac{z\sqrt{dx^2+dy^2}}{dx}$. Or le point *C* étant le centre du petit arc *Mm*, son rayon *CM* qui devient *Cm* lorsque

que *EM* augmente de sa différence *Rm*, demeure le même. Sa différence sera donc nulle : ce qui donne (en supposant dx constante) $\frac{dzdx^2 + dzdy^2 + zdyddy}{dx\sqrt{dx^2 + dy^2}} = 0$; d'où l'on tire $ME\ (z) = \frac{dzdx^2 + dzdy^2}{-dyddy} = \frac{dx^2 + dy^2}{-ddy}$ en mettant pour dz sa valeur dy.

Supposons en second lieu que les appliquées *BM*, *Bm* partent toutes d'un même point *B*. Ayant mené du point cherché *C* sur les appliquées, que je suppose infiniment proches, les perpendiculaires *CE*, *Ce*, & décrit du centre *B* le petit arc *MR*; on formera les triangles réctangles semblables *RMm* & *EMC*, *BMR*, *BEG* & *CeG*. C'est-pourquoy nommant *BM*, y; *ME*, z; *MR*, dx; on aura $Rm = dy$, $Mm = \sqrt{dx^2 + dy^2}$, *CE* ou $Ce = \frac{zdy}{dx}$, & $MC = \frac{z\sqrt{dx^2 + dy^2}}{dx}$. On trouvera ensuite, comme dans le premier cas, $z = \frac{dzdx^2 + dzdy^2}{-dyddy}$. Or *BM* (y). *Ce* $\left(\frac{zdy}{dx}\right)$ :: *MR* (dx). $Ge = \frac{zdy}{y}$. & $me - ME$ ou $Rm - Ge = dz = \frac{ydy - zdy}{y}$. Donc en mettant cette valeur à la place de dz, l'on aura $ME\ (z) = \frac{ydx^2 + ydy^2}{dx^2 + dy^2 - yddy}$. FIG. 68.

Si l'on suppose que y soit infinie, les termes dx^2 & dy^2 seront nuls par rapport à $yddy$; & par-conséquent cette derniere formule se changera en celle du cas precédent. Ce qui doit aussi arriver; puisque les appliquées deviennent alors paralleles entr'elles, & que l'arc *MR* devient une droite perpendiculaire sur les appliquées.

Maintenant la nature de la courbe *AMD* étant donnée, on trouvera des valeurs de dy^2 & ddy en dx^2, ou de dx^2 & ddy en dy^2, lesquelles étant substituées dans les formules précédentes, donneront pour *ME* une valeur délivrée des différences, & entiérement connuë. Et menant *EC* perpendiculaire sur *ME*, elle ira couper *MC* perpendiculaire à la courbe, au point cherché *C*. Ce qui étoit proposé.

COROLLAIRE I.

FIG. 67. 68. 78. A cause des triangles réctangles semblables MRm & MEC, l'on aura dans le premier cas $MC = \frac{\overline{dx^2+dy^2}\sqrt{dx^2+dy^2}}{-dxddy}$, & dans le second $MC = \frac{\overline{ydx^2+ydy^2}\sqrt{dx^2+dy^2}}{dx^3+dxdy^2-ydxddy}$.

REMARQUE.

79. Il y a encore plusieurs autres maniéres de trouver les rayons de la dévelopée. J'en mettray ici une partie, afin de donner différentes ouvertures à ceux qui ne possédent pas encore ce calcul.

Premier cas pour les courbes dont les appliquées sont perpendiculaires à l'axe.

FIG. 67. Premiere maniére. Soit prolongée MR en G où elle rencontre la perpendiculaire mC. Les angles droits MRm, MmG donneront $RG = \frac{dy^2}{dx}$; & par-conséquent $MG = \frac{dx^2+dy^2}{dx}$. Or à cause des triangles semblables MRm, MPQ (les points Q, q marquent les intersections des perpendiculaires infiniment proches MC, mC avec l'axe AB) il vient $MQ = \frac{y\sqrt{dx^2+dy^2}}{dx}$, $PQ = \frac{ydy}{dx}$; & partant $AQ = x + \frac{ydy}{dx}$, dont la différence donne (en prenant dx pour constante) $Qq = dx + \frac{dy^2+yddy}{dx}$; & à cause des triangles semblables CMG, CQq, l'on aura $MG - Qq \left(\frac{-yddy}{dx}\right) \cdot MG \left(\frac{dx^2+dy^2}{dx}\right) :: MQ \left(\frac{y\sqrt{dx^2+dy^2}}{dx}\right) \cdot MC = \frac{\overline{dx^2+dy^2}\sqrt{dx^2+dy^2}}{-dxddy}$.

Seconde maniére. Ayant décrit du centre C le petit arc QO, les petits triangles réctangles QOq, MRm seront semblables, puisque Mm, QO & MR, Qq sont paralleles; & partant $Mm\,(\sqrt{dx^2+dy^2}) \cdot MR\,(dx) :: Qq \left(\frac{dx^2+dy^2+yddy}{dx}\right) \cdot QO = \frac{dx^2+dy^2+yddy}{\sqrt{dx^2+dy^2}}$. Or les secteurs semblables CMm,

CQO donnent $Mm - QO\ (\frac{-yddy}{\sqrt{dx^2+dy^2}})$. $Mm\ (\sqrt{dx^2+dy^2})$. $::MQ\ (\frac{y\sqrt{dx^2+dy^2}}{dx})$. $MC = \frac{dx^2+dy^2\sqrt{dx^2+dy^2}}{-dxddy}$.

Troisiéme maniére. Menant les tangentes infiniment proches MT, mt, on aura $PT - AP$ ou $AT = \frac{ydx}{dy} - x$, dont la différence donne $Tt = -\frac{ydxddy}{dy^2}$; & décrivant du centre m le petit arc TH, on formera le triangle réctangle HTt semblable à RmM, car les angles HtT, RMm ou PTM sont égaux, ne différant entr'eux que de l'angle Tmt qui est infiniment petit; ce qui donne $Mm\ (\sqrt{dx^2+dy^2})$. $mR\ (dy) :: Tt\ (-\frac{ydxddy}{dy^2})$. $TH = \frac{-ydxddy}{dy\sqrt{dx^2+dy^2}}$. Or les séсteurs TmH, MCm sont semblables, car l'angle $Tmt + MmC$ vaut un droit, & l'angle $MmC + MCm$ vaut aussi un droit à cause du triangle CMm consideré comme réctangle en M. Donc $TH\ (-\frac{ydxddy}{dy\sqrt{dx^2+dy^2}})$. $Mm\ (\sqrt{dx^2+dy^2}) :: Tm$ ou $TM\ (\frac{y\sqrt{dx^2+dy^2}}{dy})$. $MC = \frac{dx^2+dy^2\sqrt{dx^2+dy^2}}{-dxddy}$.

Quatriéme maniére. On marquera* les différences secondes en prenant dx pour constante; & les triangles réctangles semblables HmS, Hnk donneront Hm ou Mm $(\sqrt{dx^2+dy^2})$. mS ou $MR\ (dx) :: Hn\ (-ddy)$. $nk = -\frac{dxddy}{\sqrt{dx^2+dy^2}}$. Or l'angle kmn est égal à celuy que font entr'elles les tangentes aux points M, m; & partant comme l'on vient de prouver, égal à l'angle MCm; d'où il suit que les séсteurs nmk, MCm sont semblables, & qu'ainsi nk $(-\frac{dxddy}{\sqrt{dx^2+dy^2}})$. mk ou * $Mm\ (\sqrt{dx^2+dy^2}) :: Mm$ $(\sqrt{dx^2+dy^2})$. $MC = \frac{dx^2+dy^2\sqrt{dx^2+dy^2}}{-dxddy}$. On prend mH ou Mm pour mk, parce qu'elles ne différent entr'elles que de la petite droite Hk infiniment moindre qu'elles; de même que Hn est infiniment moindre que Rm ou Sn.

* Art. 64. Fig. 69.

* Art. 2.

Second cas pour les courbes dont les appliquées partent d'un même point fixe.

FIG. 68. Premiere maniére. Ayant mené du point fixe B les perpendiculaires BF, Bf sur les rayons infiniment proches CM, Cm; les triangles réctangles mMR, BMF, qui sont semblables (puis qu'ajoûtant aux angles mMR, BMF le même angle FMR, ils composent chacun un angle droit), donneront MF ou $MH = \frac{ydx}{\sqrt{dx^2+dy^2}}$, & $BF = \frac{ydy}{\sqrt{dx^2+dy^2}}$ dont la différence (en prenant dx pour constante) est $Bf - BF$ ou $Hf = \frac{dx^2dy^2+dy^4+ydx^2ddy}{\overline{dx^2+dy^2}\times\sqrt{dx^2+dy^2}}$. Or à cause des sécteurs semblables CMm, CHf, on forme cette proportion $Mm - Hf. Mm :: MH. MC$, & partant $MC = \frac{\overline{ydx^2+ydy^2}\sqrt{dx^2+dy^2}}{dx^3+dxdy^2-ydxddy}$.

*Art. 64. FIG. 70. Seconde maniére. On marquera * les différences secondes en supposant dx constante; & les sécteurs semblables BmS, mEk donneront $Bm\,(y).\,mS\,(dx) :: mE\,(\sqrt{dx^2+dy^2}).\,Ek = \frac{dx\sqrt{dx^2+dy^2}}{y}$. Or à cause des triangles réctangles semblables HmS, Hnk, l'on aura Hm ou $Mm\,(\sqrt{dx^2+dy^2}).\,mS$ ou $MR\,(dx) :: Hn\,(-ddy).\,nk = -\frac{dxddy}{\sqrt{dx^2+dy^2}}$. Et partant $En = \frac{dx^3+dxdy^2-ydxddy}{y\sqrt{dx^2+dy^2}}$; & prenant une troisiéme proportionnelle à En, Em ou Mm, les sécteurs semblables Emn, MCm donneront pour MC la même valeur qu'auparavant.

Si l'on nomme $Mm\,(\sqrt{dx^2+dy^2})$, du; & qu'on prenne dy pour constante au lieu de dx, on trouvera dans le premier cas $MC = \frac{du^3}{dyddx}$, & dans le second $MC = \frac{ydu^3}{dxdu^2+ydyddx}$. Et enfin si l'on prend du pour constante, il vient dans le premier cas $MC = \frac{dxdu}{-ddy}$ ou $\frac{dydu}{ddx}$ (parce que la différence de $dx^2+dy^2 = du^2$ est $dxddx$

$-+ dy ddy = o$, & qu'ainſi $\frac{dx}{-ddy} = \frac{dy}{ddx}$); & dans le ſecond,

$$MC = \frac{y\,dx\,du}{dx^2 - y\,ddy} \text{ ou } \frac{y\,dy\,du}{dx\,dy + y\,ddx}.$$

COROLLAIRE II.

80. COMME l'on ne trouve pour ME ou MC qu'une FIG. 72.
ſeule valeur, il s'enſuit qu'une ligne courbe AMD ne peut
avoir qu'une ſeule dévelopée BCG.

COROLLAIRE III.

81. SI la valeur de ME $\left(\frac{dx^2 + dy^2}{-ddy}\right)$ ou $\left(\frac{y\,dx^2 + y\,dy^2}{dx^2 + dy^2 - y\,ddy}\right)$ FIG. 67. 68.
eſt poſitive, il faudra prendre le point E du même côté
de l'axe AB ou du point B, comme l'on a ſuppoſé en faiſant le calcul ; d'où l'on voit que la courbe ſera alors concave vers cet axe ou ce point. Mais ſi la valeur de ME
eſt négative, il faudra prendre le point E du côté oppoſé ; d'où l'on voit que la courbe ſera alors convexe. De
ſorte qu'au point d'infléxion ou de rebrouſſement qui ſépare la partie concave de la convexe, la valeur de ME
doit devenir de poſitive négative ; & partant les perpendiculaires infiniment proches ou contiguës doivent devenir de convergentes divergentes. Or cela ne ſe peut faire qu'en deux maniéres. Car ou elles vont en croiſſant à
meſure qu'elles approchent du point d'infléxion ou de
rebrouſſement ; & il faudra pour lors qu'elles deviennent
paralleles, c'eſt-à-dire que le rayon de la dévelopée ſoit infini : ou elles vont en diminüant ; & il faudra néceſſaire-
ment alors qu'elles tombent l'une ſur l'autre, c'eſt-à-dire
que le rayon de la dévelopée ſoit zero. Tout ceci s'accorde parfaitement avec ce que l'on a démontré dans la
ſéction précédente.

REMARQUE.

82. COMME l'on a crû juſqu'ici que le rayon de la
dévelopée étoit toûjours infiniment grand au point d'in-

fléxion, il eſt à propos de faire voir qu'il y a, pour ainſi dire, une infinité de genres de courbes qui ont toutes dans leur point d'infléxion le rayon de la dévelopée égal à zero; au lieu qu'il n'y en a qu'un ſeul genre dans lequel ce rayon ſoit infini.

FIG. 71. Soit *BAC* une des courbes qui ont dans leur point d'infléxion *A* le rayon de la dévelopée infini. Si l'on dévelope les parties *BA*, *AC*, en commençant au point *A*; il eſt clair qu'on formera une ligne courbe *DAE* qui aura auſſi un point d'infléxion dans le même point *A*, mais dont le rayon de la dévelopée en ce point ſera égal à zero. Et ſi l'on formoit de la même ſorte une troiſiéme courbe par le dévelopement de la ſeconde *DAE*, & une quatriéme par le dévelopement de la troiſiéme, & ainſi de ſuite à l'infini; il eſt clair que le rayon de la dévelopée dans le point d'infléxion *A* de toutes ces courbes, ſeroit toûjours égal à zero. Donc, &c.

PROPOSITION II.

Problême.

FIG. 72. 83. TROUVER *dans les courbes* AMD, *où l'axe* AB *fait avec la tangente en* A *un angle droit, le point* B *où cet axe touche la dévelopée* BCG.

Si l'on ſuppoſe que le point *M* devienne infiniment prés du ſommet *A*, il eſt clair que la perpendiculaire *MQ* rencontrera l'axe au point cherché *B*; d'où il ſuit que ſi l'on cherche en général la valeur de *PQ* $\left(\frac{ydy}{dx}\right)$ en x ou en y, & qu'on faſſe enſuite x ou $y = o$, on déterminera le point *P* à tomber ſur le point *A*, & le point *Q* ſur le point cherché *B*; c'eſt-à-dire que *PQ* deviendra alors égale à la cherchée *AB*. Ceci s'éclaircira par les exemples qui ſuivent.

EXEMPLE I.

FIG. 72. 84. SOIT la courbe *AMD* une Parabole qui ait pour para-

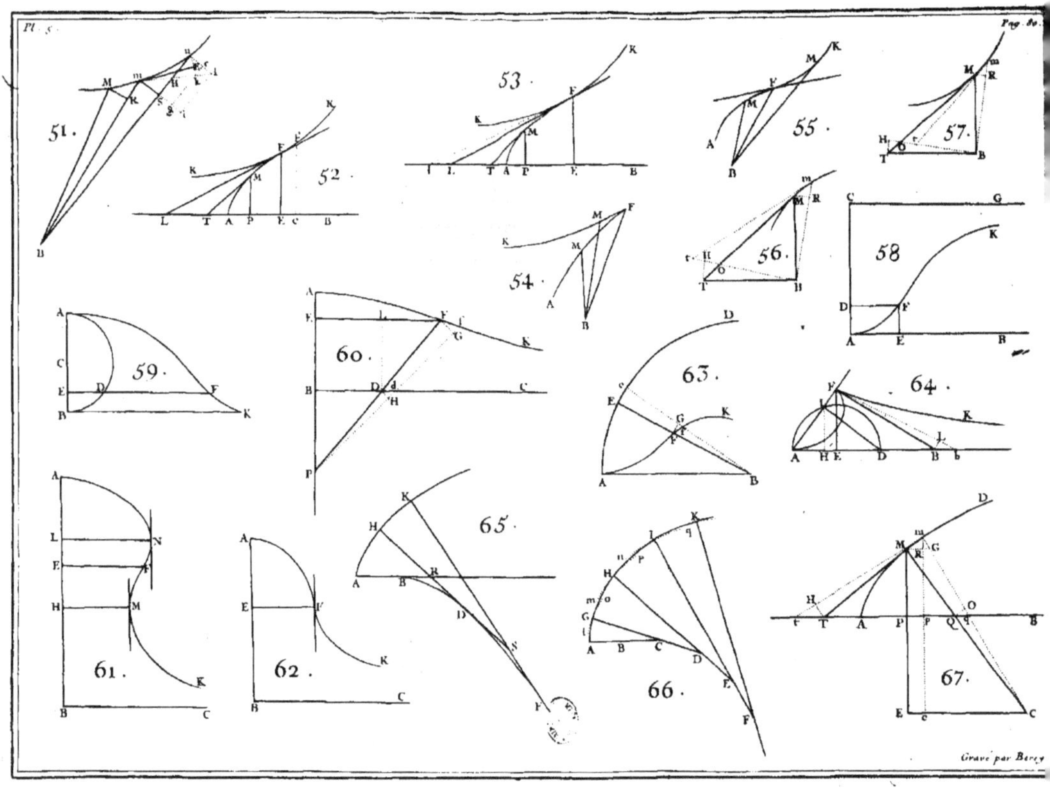
Pl. 5.
Pag. 80.
51.
52.
53.
54.
55.
56.
57.
58.
59.
60.
61.
62.
63.
64.
65.
66.
67.
Gravé par Berey

parametre la droite donnée a. L'équation à la parabole est $ax = yy$, dont la différence donne $dy = \frac{adx}{2y} = \frac{adx}{2\sqrt{ax}}$; & prenant la différence de cette derniere équation, en supposant dx constante, on trouve $ddy = \frac{-adx^2}{4x\sqrt{ax}}$. Substituant enfin ces valeurs à la place de dy & de ddy dans la formule $\frac{dx^2 + dy^2}{-ddy}$, on aura * $ME = \frac{\overline{a + 4x}\sqrt{ax}}{a} = \sqrt{ax} + \frac{4x\sqrt{ax}}{a}$. * Art. 77.
Ce qui donne cette construction.

Soit menée par le point T ou la tangente MT rencontre l'axe, la ligne TE parallele à MC; je dis qu'elle rencontre MP prolongée au point cherché E. Car les angles droits MPT, MTE donnent $MP\ (\sqrt{ax}).\ PT\ (2x) :: PT\ (2x).\ PE = \frac{4xx}{\sqrt{ax}} = \frac{4x\sqrt{ax}}{a}$. & par-conséquent $MP + PE = \sqrt{ax} + \frac{4x\sqrt{ax}}{a}$.

De plus à cause des triangles réctangles MPQ, MEC, l'on aura $PM\ (\sqrt{ax}).\ PQ\ (\frac{1}{2}a) :: ME\ (\sqrt{ax} + \frac{4x\sqrt{ax}}{a}).\ EC$ ou $PK = \frac{1}{2}a + 2x$. & partant $QK = 2x$. Ce qui donne cette nouvelle construction.

Soit prise QK double de AP, ou (ce qui revient au même) soit prise PK égale à TQ, & soit menée KC parallele à PM. Elle rencontrera la perpendiculaire MC en un point C qui sera à la dévelopée BCG.

Autre maniére. $yy = ax$, & $2ydy = adx$ dont la différence (en supposant dx constante) donne $2dy^2 + 2yddy = 0$; d'où l'on tire $-ddy = \frac{dy^2}{y}$. Et mettant cette valeur dans la formule $\frac{dx^2 + dy^2}{-ddy}$, on trouve * $ME = \frac{ydy^2 + ydx^2}{dy^2}$; & partant * Art. 77.
EC ou $PK = \frac{ydy^2 + ydx^2}{dydx} = \frac{ydy}{dx} + \frac{ydx}{dy} = PQ + PT$ ou TQ. Ce qui donne les mêmes constructions qu'auparavant. Car $MP.\ PT :: dy.\ dx :: PT\ (\frac{ydx}{dy}).\ PE = \frac{ydx^2}{dy^2} = \frac{4x\sqrt{ax}}{a}$.

Pour trouver à présent le point B où l'axe AB touche la dévelopée BCG. On a $PQ\left(\frac{ydy}{dx}\right)=\frac{1}{2}a$. Or comme cette quantité est constante, elle demeurera toûjours la même en quelque endroit que se trouve le poinr M. Et ainsi, lorsqu'il tombe sur le sommet A, l'on aura encore PQ qui devient en ce cas $AB=\frac{1}{2}a$.

Pour trouver la nature de la dévelopée BCG à la maniére de *Descartes*. On nommera la coupée BK, u; l'appliquée KC ou PE, t; d'où l'on aura $CK\ (t)=\frac{4x\sqrt{ax}}{a}$ & $AP+PK-AB\ (u)=3x$; mettant donc pour x sa valeur $\frac{1}{3}u$ dans l'équation $t=\frac{4x\sqrt{ax}}{a}$, l'on en formera une nouvelle $27att=16u^3$ qui exprimera la relation de BK à KC. D'où l'on voit que la dévelopée BCG de la Parabole ordinaire est une seconde Parabole cubique dont le parametre est égal à $\frac{27}{16}$ du parametre de la parabole donnée.

FIG. 73. Il est visible que la dévelopée CBC de la parabole commune entiere MAM a deux parties CB, BC qui ont leurs convexités opposées l'une à l'autre; de sorte qu'elles forment en B un point de rebroussement.

AVERTISSEMENT.

FIG. 72. *On entend par* courbes geométriques AMD, BCG *celles dont la relation des coupées* AP, BK *aux appliquées* PM, KC *se peut exprimer par une équation où il ne se rencontre point de différences; & on prend pour* geométrique *tout ce qu'on peut faire par le moyen de ces lignes. L'on suppose ici que les coupées & les appliquées soient des lignes droites.*

COROLLAIRE.

85. LORSQUE la courbe donnée AMD, est geométrique, il est clair que l'on pourra toûjours trouver (comme dans cet éxemple) une équation qui exprime la nature d

ſa dévelopée *BCG*; & qu'ainſi cette dévelopée ſera auſſi geometrique. Mais je dis de plus qu'elle ſera réctifiable, c'eſt-à-dire qu'on pourra trouver geométriquement des lignes droites égales à une de ſes portions quelconques *BC*; car il eſt évident * que l'on déterminera avec le ſecours de la ligne *AMD*, qui eſt geométrique, ſur la tangente *CM* de la portion *BC*, un point *M* tel que la droite *CM* ne différera de la portion *BC* que d'une droite donnée *AB*. * Art. 75.

EXEMPLE II.

86. SOIT la courbe donnée *MDM* une Hyperbole entre ſes aſymptotes, qui ait pour équation $aa = xy$. FIG. 74.

On aura $\frac{aa}{y} = x$, $\frac{-aady}{yy} = dx$, & ſuppoſant dx conſtante, * $\frac{-aayyddy + 2aaydy^2}{y^4} = 0$; d'où l'on tire $ddy = \frac{2dy^2}{y}$; & mettant cette valeur dans $\frac{dx^2 + dy^2}{-ddy}$, il vient * $ME \frac{ydx^2 + ydy^2}{-2dy^2}$; de ſorte que EC ou $PK = -\frac{ydy}{2dx} - \frac{ydx}{2dy}$. Ce qui donne ces conſtructions. * Art. 1. * Art. 77.

Soit menée par le point *T* où la tangente *MT* rencontre l'aſymptote *AB*, la ligne *TS* parallele à *MC* & qui rencontre *MP* prolongée en *S*; ſoit priſe *ME* égale à la moitié de *MS* de l'autre côté de l'aſymptote (que l'on regarde ici comme l'axe) parce que ſa valeur eſt négative; ou bien ſoit priſe *PK* égale à la moitié de *TQ* du même côté du point *T*: je dis que ſi l'on mene *EC* parallele ou *KC* perpendiculaire à l'axe, elles couperont la droite *MC* au point cherché *C*. Car il eſt clair que $MS = \frac{ydx^2 + ydy^2}{dy^2}$, & que $TQ = \frac{ydy}{dx} + \frac{ydx}{dy}$.

Si l'on fait quelque attention ſur la figure de l'hyperbole *MDM*, on verra que ſa dévelopée *CLC* doit avoir un point de rebrouſſement *L*, de même que la dévelopée de la parabole. Pour le déterminer je remarque que le rayon *DL* de la dévelopée eſt plus petit que tout autre rayon

* *Art.* 78. MC; d'où il ſuit que la différence de ſon expreſſion*

* *Sect.* 3. $\frac{\overline{dx^2+dy^2}\sqrt{dx^2+dy^2}}{-dxddy}$ ou $\frac{\overline{dx^2+dy^2}^{\frac{3}{2}}}{-dxddy}$ ſera * nulle ou infinie. Ce qui donne, en prenant toûjours dx pour conſtante, $\frac{-3dxdyddy^2\overline{dx^2+dy^2}^{\frac{1}{2}}+dxdddy\overline{dx^2+dy^2}^{\frac{3}{2}}}{dx^2ddy^2}=0$ ou ∞; d'où en diviſant par $\overline{dx^2+dy^2}^{\frac{1}{2}}$, & multipliant enſuite par $dxddy^2$; on tire cette équation $dx^2dddy+dy^2dddy-3dyddy^2=0$ ou ∞, qui ſervira à trouver pour x une valeur AH telle que menant l'appliquée HD & le rayon DL de la dévelopée, le point L ſera le point de rebrouſſement cherché.

On a dans cet éxemple $y=\frac{aa}{x}$, $dy=\frac{-aadx}{xx}$, $ddy=\frac{2aadx^2}{x^3}$, $dddy=\frac{-6aadx^3}{x^4}$. C'eſt-pourquoy mettant ces valeurs dans l'équation précédente, on trouve $AH\ (x)=a$. D'où il ſuit que le point D eſt le ſommet de l'hyperbole, & que les lignes AD, DL ne font qu'une même droite AL qui en eſt l'axe.

EXEMPLE III.

FIG. 72. 74. 87. SOIT l'équation générale $y^m=x$ qui exprime la nature de toutes les Paraboles à l'infini lorſque l'expoſant m marque un nombre poſitif entier ou rompu, & de toutes les Hyperboles lorſqu'il marque un nombre négatif.

On aura $my^{m-1}dy=dx$ dont la différence donne, en prenant dx pour conſtante, $\overline{mm-my}^{m-2}dy^2+my^{m-1}ddy=0$; & en diviſant par my^{m-1}, il vient $-ddy=\frac{\overline{m-1}dy^2}{y}$;

* *Art.* 77. d'où mettant cette valeur dans $\frac{dx^2+dy^2}{-ddy}$, on tirera * $ME=\frac{ydx^2+ydy^2}{\overline{m-1}dy^2}$; & partant EC ou $PK\ \frac{ydy}{\overline{m-1}dx}+\frac{ydx}{\overline{m-1}dy}$. Ce qui donne ces conſtructions générales.

Soit menée par le point T où la tangente MT rencontre l'axe AP, la ligne TS parallele à MC & qui rencontre

MP prolongée au point *S*; ſoit priſe $ME = \frac{1}{m-1} MS$, ou bien ſoit priſe $PK = \frac{1}{m-1} TQ$: il eſt clair que ſi l'on mene par le point *E* une parallele, ou par le point *K* une perpendiculaire à l'axe, elles rencontreront *MC* au point cherché *C*.

Si *m* eſt négatif, comme il arrive dans les hyperboles, la valeur de *ME* ſera négative; & par-conſéquent elles ſeront convexes vers leur axe qui ſera alors une aſymptote. Mais dans les paraboles où *m* eſt poſitif, il peut arriver deux cas. Car ou *m* ſera moindre que 1, & alors elles ſeront convexes du côté de leur axe, qui ſera une tangente ou ſommet: ou *m* ſurpaſſe 1, & alors elles ſeront concaves vers leur axe qui ſera perpendiculaire au ſommet. FIG. 74. FIG. 75. FIG. 72.

Pour trouver dans ce dernier cas le point *B* où l'axe *AB* touche la dévelopée. On a $PQ\left(\frac{ydy}{dx}\right) = \frac{y^{2-m}}{m}$; ce qui donne trois différens cas, Car ou $m=2$, ce qui n'arrive que dans la parabole ordinaire, & alors l'expoſant de *y* étant nul, cette inconnuë s'évanoüit; & par-conſéquent $AB = \frac{1}{2}$, c'eſt-à-dire à la moitié du parametre. Ou *m* eſt moindre que 2, & alors l'expoſant de *y* étant poſitif, elle ſe trouvera dans le numérateur, ce qui rend (en l'égalant* à zero) la fraction nulle: c'eſt-à-dire que le point *B* tombe en ce cas ſur le point *A* comme dans la ſeconde parabole cubique $axx = y^3$. Ou enfin *m* ſurpaſſe 2, & alors l'expoſant de *y* étant négatif, elle ſera dans le dénominateur, ce qui rend (lors qu'elle devient zero) la fraction infinie: c'eſt-à-dire que le point *B* eſt infiniment éloigné du point *A*, ou (ce qui eſt la même choſe) que l'axe *AB* eſt aſymptote de la dévelopée comme dans la premiere parabole cubique $aax = y^3$. On peut remarquer dans ce dernier cas que la dévelopée *CLO* de la demi-parabole *ADM* a un point de rebrouſſement *L*; de ſorte que par le dévelopement de la partie *LO* continuée à l'infini, le point *D* ne décrit que la portion déterminée *DA*; *Art. 83. FIG. 76. FIG. 77.

au lieu que par le développement de l'autre partie LC continüée aussi à l'infini, il décrit la portion infinie DM.

On déterminera le point L de même que dans l'hyperbole. Soit par exemple $aax = y^3$ ou $y = x^{\frac{1}{3}}$, on aura $dy = \frac{1}{3} x^{-\frac{2}{3}} dx$, $ddy = -\frac{2}{9} x^{-\frac{5}{3}} dx^2$, $dddy = \frac{10}{27} x^{-\frac{8}{3}} dx^3$, & ces valeurs étant substituées dans l'équation $dx^2 dddy + dy^2 dddy - 3dyddy^2 = 0$, on trouvera *$AH$ $(x) = \sqrt[4]{\frac{1}{91125}}$. Il en est ainsi des autres.

* Art. 86.

REMARQUE.

88. En supposant que m surpasse 1, afin que les paraboles soient toûjours concaves du côté de leur axe, il peut arriver differens cas. Car si le numérateur de la fraction marquée par m est pair, & le dénominateur impair; toutes les paraboles tombent de part & d'autre de leur axe dans une position semblable à celle de la parabole ordinaire. Mais si le numérateur & dénominateur sont chacun impair; elles ont une position renversée de part & d'autre de leur axe, en sorte que leur sommet A est un point d'infléxion, comme la premiere parabole cubique $x = y^{\frac{3}{1}}$ ou $aax = y^3$. Enfin si le numérateur étant impair, le dénominateur est pair; elles ont une position renversée du même côté de leur axe, en sorte que leur sommet A est un point de rebroussement, comme la seconde parabole cubique $x = y^{\frac{3}{2}}$ ou $axx = y^3$. Tout cela suit de ce qu'une puissance paire ne peut pas avoir une valeur négative. Cela posé, il est évident,

Fig. 75. Fig. 77. Fig. 76.

1°. Que dans le point d'infléxion A, le rayon de la dévelopée peut être infiniment grand comme dans $aax = y^3$, ou infiniment petit comme dans $aax^3 = y^5$. (Fig. 77.)

2°. Que dans le point de rebroussement A, le rayon de la dévelopée peut être ou infini comme dans $a^3xx = y^5$, ou zero comme dans $axx = y^3$. (Fig. 76.)

3°. Qu'il ne s'ensuit pas de ce que le rayon de la dévelopée est infini ou zero, que les courbes ayent alors un point d'infléxion ou de rebroussement. Car dans $a^3x = y^4$ il est infini, dans $ax^3 = y^4$ il est nul; & cependant ces paraboles tombent de part & d'autre de leur axe dans une position semblable à celle de la parabole ordinaire. FIG. 73.

EXEMPLE IV.

89. SOIT la courbe *AMD* une Hyperbole ou une Ellipse qui ait pour axe *AH* (a), & pour parametre *AF* (b). FIG. 78. 79.

On aura par la proprieté de ces lignes $y = \sqrt{\frac{abx \mp bxx}{\sqrt{a}}}$,

$dy = \frac{abdx \mp 2bxdx}{2\sqrt{aabx \mp abxx}}$, & $ddy = \frac{-a^3bbdx^2}{4aabx \mp 4abxx\sqrt{aabx \mp abxx}}$. Si donc l'on met ces valeurs dans $\frac{\overline{dx^2 + dy^2}\sqrt{dx^2 + dy^2}}{-dxddy}$ expression générale de* *MC*, on trouvera dans ces deux courbes *MC* * Art. 78.

$= \frac{\overline{aabb \mp 4abbx + 4bbxx \mp 4aabx \mp 4abxx}\sqrt{aabb \mp 4abbx + 4bbxx \mp 4aabx \mp 4abxx}}{2a^3bb}$

$= \frac{4MQ^3}{bb}$, puisque de part & d'autre $MQ \left(\frac{y\sqrt{dx^2 + dy^2}}{dx}\right)$

$= \frac{\sqrt{aabb \mp 4abbx + 4bbxx \mp 4aabx \mp 4abxx}}{2a}$. Ce qui donne cette construction qui sert aussi pour la Parabole.

Soit prise *MC* quadruple de la quatriéme continüellement proportionnelle au parametre *AF* & à la perpendiculaire *MQ* terminée par l'axe; le point *C* sera à la dévelopée.

Si l'on fait $x = 0$, on aura* $AB = \frac{1}{2}b$. Et si l'on fait dans l'Ellipse $x = \frac{1}{2}a$, on trouvera $DG = \frac{a\sqrt{ab}}{2b}$, c'est-à-dire égal à la moitié du parametre du petit axe. D'où l'on voit que dans l'ellipse la dévelopée *BCG* se termine en un point *G* du petit axe *DO* où elle forme un point de rebroussement; au lieu que dans la parabole & l'hyperbole elle s'étend à l'infini. * Art. 83. FIG. 79.

Si $a = b$ dans l'Ellipse, il vient $MC \frac{1}{2} a$; d'où il suit que tous les rayons de la dévelopée sont égaux entr'eux, & qu'elle ne sera par-conséquent qu'un point : c'est-à-dire que l'ellipse devient en ce cas un cercle qui a pour dévelopée son centre. Ce que l'on sçait d'ailleurs être veritable.

EXEMPLE V.

FIG. 80. 90. SOIT la courbe *AMD* une logarithmique ordinaire, dont la nature est telle qu'ayant mené d'un de ses points quelconque *M* la perpendiculaire *MP* sur l'asymptote *BF*, & la tangente *MT*; la soutangente *PT* soit toûjours égale à la même droite donnée *a*.

On a donc $PT\left(\frac{ydx}{dy}\right) = a$, d'où l'on tire $dy = \frac{ydx}{a}$, dont la difference donne, en prenant dx pour constante, $ddy = \frac{dydx}{a}$ $= \frac{ydx^2}{aa}$; & mettant ces valeurs dans $\frac{dx^2 + dy^2}{-ddy}$, on trouve* $ME = \frac{-aa-yy}{y}$; & partant EC ou $PK = \frac{-aa-yy}{a}$. Ce qui donne cette construction.

*Art. 77.

Soit prise *PK* égale à *TQ* du même côté de *T*, parce que sa valeur est négative; & soit menée *KC* parallele à *PM* : je dis qu'elle rencontrera la perpendiculaire *MC* au point cherché *C*. Car $TQ = \frac{aa+yy}{a}$.

Si l'on veut que le point *M* soit celuy de la plus grande courbure, on se servira de la formule $dx^2dddy + dy^2dddy$ $- 3dyddy^2 = 0$, que l'on a trouvée * dans l'exemple second; & mettant pour dy, ddy, $dddy$, leurs valeurs $\frac{ydx}{a}$, $\frac{ydx^2}{aa}$, $\frac{ydx^3}{a^3}$, on trouvera $PM\ (y) = a\sqrt{\frac{1}{2}}$.

*Art. 86.

Il est clair, en prenant dx pour constante, que les appliquées y sont entr'elles comme leurs differences dy ou $\frac{ydx}{a}$; d'où il suit qu'elles font aussi une progression geométrique. Car si l'on conçoit que l'asymptote ou l'axe *PK* soit divisé en un nombre infini de petites parties égales *Pp* ou *MR*, *pf* ou *mS*, *fg* ou *nH*, &c. comprises entre les appli-

appliquées *PM*, *pm*, *fn*, *go*, &c. l'on aura *PM*. *pm* :: *Rm*. *Sn* :: *PM* + *Rm* ou *pm*. *pm* + *Sn* ou *Fn*. On prouve de même que *pm*. *fn* :: *fn*. *go*. & ainsi de suite. Les appliquées *PM*, *pm*, *fn*, *go*, &c. seront donc entr'elles une progression geométrique.

EXEMPLE VI.

91. SOIT la courbe *AMD* une logarithmique spirale, dont la nature est telle qu'ayant mené d'un de ses points quelconque *M* au point fixe *A*, qui en est le centre, la droite *MA* & la tangente *MT*; l'angle *AMT* soit par tout le même. FIG. 81.

L'angle *AMT* ou *AmM* étant constant, la raison de *mR* (*dy*) à *RM* (*dx*) sera aussi constante. Il faut donc que la différence de $\frac{dy}{dx}$ soit nulle; ce qui donne (en supposant *dx* constante) $ddy = 0$. C'est-pourquoy effaçant le terme *yddy* dans $\frac{ydx^2 + ydy^2}{dx^2 + dy^2 - yddy}$ expression * générale de *ME* lorsque les appliquées partent toutes d'un même point, on trouve $ME = y$, c'est-à-dire $ME = AM$. Ce qui donne cette construction. *Art. 77.

Soit menée *AC* perpendiculaire sur *AM*, & qui rencontre en *C* la droite *MC* perpendiculaire à la courbe; le point *C* sera à la dévelopée *ACB*.

Les angles *AMT*, *ACM* sont égaux, puisqu'étant joints l'un & l'autre au même angle *AMC* ils font un angle droit. La dévelopée *ACG* sera donc la même logarithmique spirale que la donnée *AMD*, & elle n'en différera que par sa position.

Si l'on suppose que le point *C* de la dévelopée *ACG* étant donné, il faille déterminer la longueur *CM* de son rayon en ce point, qui * est égal à la portion *AC* qui fait une infinité de retours avant que de parvenir en *A*; il est clair qu'il n'y a qu'à mener *AM* perpendiculaire sur *AC*. De sorte que si l'on mene *AT* perpendiculaire sur *Art. 75.

M

AM, la tangente *MT* ſera auſſi égale à la portion *AM* de la logarithmique ſpirale donnée *AMD*.

Si l'on conçoit une infinité d'appliquées *AM*, *Am*, *An*, *Ao*, &c. qui faſſent entr'elles des angles infiniment petits & égaux ; il eſt clair que les triangles *MAm*, *mAn*, *nAo*, &c. ſeront ſemblables, puiſque les angles en *A* ſont égaux, & que par la proprieté de la logarithmique, les angles en *m*, *n*, *o*, &c. le ſont auſſi. Et partant *AM*. *Am* :: *Am*. *An*. Et *Am*. *An* :: *An*. *Ao*. & ainſi de ſuite. D'où l'on voit que les appliquées *AM*, *Am*, *An*, *Ao*, &c. ſont une progreſſion géométrique lorſqu'elles font entr'elles des angles égaux.

EXEMPLE VII.

FIG. 82. 92. SOIT la courbe *AMD* une des ſpirales à l'infini, formée dans le ſecteur *BAD* avec une proprieté telle qu'ayant mené un rayon quelconque *AMP*, & ayant nommé l'arc entier *BPD*, b; ſa partie *BP*, z; le rayon *AB* ou *AP*, a; & ſa partie *AM*, y; on ait cette proportion $b . z :: a^m . y^m$.

L'équation à la ſpirale *AMD* eſt $y^m = \frac{a^m z}{b}$, dont la différence donne $my^{m-1}dy = \frac{a^m dz}{b}$. Or à cauſe des ſecteurs ſemblables *AMR*, *APp*, l'on aura $AM\ (y) . AP\ (a) :: MR\ (dx) . Pp\ (dz) = \frac{adx}{y}$. Mettant donc cette valeur à la place de dz dans l'équation que l'on vient de trouver, on aura $my^m dy = \frac{a^{m+1}dx}{b}$ dont la différence (en prenant dx pour conſtante) eſt $mmy^{m-1}dy^2 + my^m ddy = 0$; d'où en diviſant par my^{m-1}, l'on tire $-yddy = mdy^2$; & partant ME* $\left(\frac{ydx^2 + ydy^2}{dx^2 + dy^2 - yddy}\right) = \frac{ydx^2 + ydy^2}{dx^2 + \overline{m+1}\,dy^2}$; ce qui donne cette conſtruction.

*Art. 77.

Soit menée par le centre *A* la droite *TAQ* perpendiculaire ſur *AM*, & qui rencontre en *T* la tangente *MT*, & en *Q* la perpendiculaire *MQ*; ſoit fait $TA + \overline{m+1}\,AQ$.

$T\mathcal{Q} :: MA . ME$. Je dis que menant EC parallele à $T\mathcal{Q}$, elle ira rencontrer $M\mathcal{Q}$ en un point C qui sera à la dévelopée.

Car à cause des paralleles $MRG, TA\mathcal{Q}$, l'on aura $MR\ (dx)$ $+\overline{m+1}\ RG\ \left(\frac{dy^2}{dx}\right) . MG\ (dx+\frac{dy^2}{dx}) :: TA+\overline{m+1}\ A\mathcal{Q} .$ $T\mathcal{Q} :: AM\ (y) . ME = \frac{ydx^2+ydy^2}{dx^2+\overline{m+1}\ dy^2}$.

EXEMPLE VIII.

FIG. 83.

93. Soit AMD un demi-roulette simple, dont la base BD est égale à la demi-circonférence BEA du cercle générateur.

Ayant nommé AP, x ; PM, y ; l'arc AE, u ; & le diametre AB, $2a$; l'on aura par la propriété du cercle $PE = \sqrt{2ax-xx}$; & par celle de la roulette $y=u$ $+\sqrt{2ax-xx}$, dont la différence donne $dy=du+\frac{adx-xdx}{\sqrt{2ax-xx}}$ $=\frac{2adx-xdx}{\sqrt{2ax-xx}}$ ou $dx\sqrt{\frac{2a-x}{x}}$, en mettant pour du sa valeur $\frac{adx}{\sqrt{2ax-xx}}$; en supposant dx constante, $ddy=\frac{-adx^2}{x\sqrt{2ax-xx}}$; & en mettant ces valeurs dans $\frac{\overline{dx^2+dy^2}\ \sqrt{dx^2+dy^2}}{-axddy}$, il vient * $MC = 2\sqrt{4aa-2ax}$, c'est-à-dire $2BE$ ou $2MG$.

*Art. 78.

Si l'on fait $x=0$, l'on aura $AN=4a$ pour rayon de la dévelopée dans le sommet A. Mais si l'on fait $x=2a$, on trouvera que le rayon de la dévelopée au point D devient nul ou zero ; d'où l'on voit que la dévelopée a son origine en D, & qu'elle se termine en N en sorte que $BN=BA$.

Pour sçavoir la nature de cette dévelopée, il n'y a qu'à achever le réctangle BS, décrire le demi-cercle DIS qui a pour diametre DS, & mener DI parallele à MC ou à BE. Cela fait, il est clair que l'angle BDI est égal à l'angle EBD ; & par-conséquent que les arcs DI, BE sont égaux entr'eux ; d'où il suit que leurs cordes DI, BE ou GC sont aussi égales. Si donc l'on fait *IC*, elle sera égale & parallele à *DG*, qui par la génération de la roulette est égale à l'arc *BE* ou *DI*; & partant la dévelopée *DCN* est une demi-roulette qui a pour base la droite *NS* égale à la demi-circonférence *DIS* de son cercle générateur: c'est-à-dire que c'est la demi-roulette même *AMDB* posée dans une situation renversée.

COROLLAIRE.

*Art. 75. 94. IL est clair * que la portion de roulette *DC* est double de sa tangente *CG*, ou de la corde correspondante *DI*. Et la demi-roulette *DCN* double du diametre *BN* ou *DS* de son cercle générateur.

AUTRE SOLUTION.

95. ON peut encore trouver la longueur du rayon *MC* sans aucun calcul, en cette sorte. Ayant imaginé une autre perpendiculaire *mC* infiniment proche de la premiére, une autre parallele *me*, une autre corde *Be*, & décrit des centres *C*, *B* les petits arcs *GH*, *EF*, on formera les triangles réctangles *GHg*, *EFe* qui seront égaux & semblables; car *Gg* = *Ee*, puisque *BG* ou *ME* est égal à l'arc *AE*, & de même *Bg* ou *me* est égal à l'arc *Ae*; de plus *Hg* ou *mg* — *MG* = *Fe* ou *Be* — *BE*; *GH* sera donc égal à *EF*. Or les perpendiculaires *MC*, *mC*, étant paralleles aux cordes *EB*, *eB*, l'angle *MCm* sera égal à l'angle *EBe*. Donc puisque les arcs *GH*, *EF*, qui mesurent ces angles, sont égaux, il s'ensuit que leurs rayons *CG*, *BE* seront aussi égaux; & partant que *MC* doit être prise double de *MG* ou de *BE*.

LEMME.

96. S'IL *y a un nombre quelconque de quantités* a, b, c, d, e, *&c. soit que ce nombre soit fini ou infini, soit que ces quantités soient des lignes, ou des surfaces, ou des solides; la somme* a — b + b — c + c — d + d — e, *&c. de toutes leurs différences est égale à la plus grande* a, *moins la plus*

petite e, ou simplement à la plus grande lorsque la plus petite est zero. Ce qui est visible.

COROLLAIRE I.

97. Les secteurs CMm, CGH étant semblables, il est clair que Mm est double de GH ou de son égale EF; & comme cela arrive toûjours en quelque endroit que l'on suppose le point M, il s'ensuit que la somme de tous les petits arcs Mm, c'est-à-dire la portion Am de la demi-roulette AMD, est double de la somme de tous les petits arcs EF. Or le petit arc EF fait partie de la corde AE perpendiculaire sur BE, & est la différence des cordes AE, Ae, parce que la petite droite eF perpendiculaire sur Ae peut être considerée comme un petit arc décrit du centre A; & partant la somme de tous les petits arcs EF dans l'arc AZE sera la somme des différences de toutes les cordes AE, Ae, &c. dans cet arc, c'est-à-dire par le Lemme qu'elle sera égale à la corde AE. Il est donc évident que la portion AM de la demi-roulette AMD est double de la corde correspondante AE.

COROLLAIRE II.

98. L'espace $MGgm$ * ou le trapéze $MGHm$ $= \frac{1}{2} Mm + \frac{1}{2} GH \times MG = \frac{3}{2} EF \times BE$, c'est-à-dire qu'il est triple du triangle EBF ou EBe; d'où il suit que l'espace $MGBA$ somme de tous ces trapézes, est triple de l'espace circulaire $BEZA$ somme de tous ces triangles. * *Art. 2.*

COROLLAIRE III.

99. Nommant BP, z; l'arc AZE ou EM ou BG, u; & le rayon KA, a; l'on aura le parallelélogramme $MGBE = uz$. Or l'espace de la roulette $MGBA = 3BEZA = 3EKB + \frac{3}{2} au$; & partant l'espace $AMEB$ renfermé par la portion de roulette AM, la parallele ME, la corde BE & le diametre AB, est $= 3EKB + \frac{3}{2} au - uz$. D'où il suit que si l'on prend

BP (z) $= \frac{3}{2}a$, l'eſpace *AMEB* ſera triple du triangle correſpondant *EKB*; & aura par-conſéquent ſa quadrature indépendante de celle du cercle. Ce que M. *Hugens* a remarqué le premier. Voici encore une autre ſorte d'eſpace qui a la même proprieté.

Si l'on retranche de l'eſpace *AMEB* le ſegment *BEZA*, il reſtera l'eſpace $AZEM = 2EKB + au - uz$; d'où l'on voit que ſi le point *P* tombe au centre *K*, l'eſpace *AZEM* ſera égal au quarré du rayon. Il eſt évident qu'entre tous les eſpaces *AMEB* & *AZEM*, il n'y a que les deux que l'on vient de déterminer qui ayent leur quadrature abſoluë indépendante de celle du cercle.

EXEMPLE IX.

FIG. 84. 100. SOIT la demi-roulette *AMD* décrite par la révolution du demi-cercle *AEB* autour d'un autre cercle immobile *BGD*; & qu'il faille déterminer ſur la perpendiculaire *MG* donnée de poſition, le point où elle touche la dévelopée.

Pour ſe ſervir des formules générales il faudroit prendre pour les appliquées de la courbe *AMD*, des lignes droites perpendiculaires ſur l'axe *OA*, & chercher enſuite une équation qui exprimât la relation des coupées aux appliquées, ou de leurs différences. Mais comme le calcul en ſeroit fort pénible, il vaut beaucoup mieux dans ces ſortes de rencontres en tenter la ſolution en ſe ſervant de la génération même.

Lorſque le demi-cercle *AEB* eſt parvenu dans la poſition *MGB* dans laquelle il touche en *G* la baſe *BD*; & que le point décrivant *A* tombe ſur le point *M* de la demi-roulette *AMD*: il eſt clair,

1°. Que l'arc *GM* eſt égal à l'arc *GD*, comme auſſi l'arc *GB* du cercle mobile à l'arc *GB* du cercle immobile.

2°. Que *MG* eſt * perpendiculaire ſur la courbe; car conſidérant la demi-circonférence *MGB* ou *AEB* & la baſe *BGD* comme l'aſſemblage d'une infinité de petites droites égales

* Art. 43.

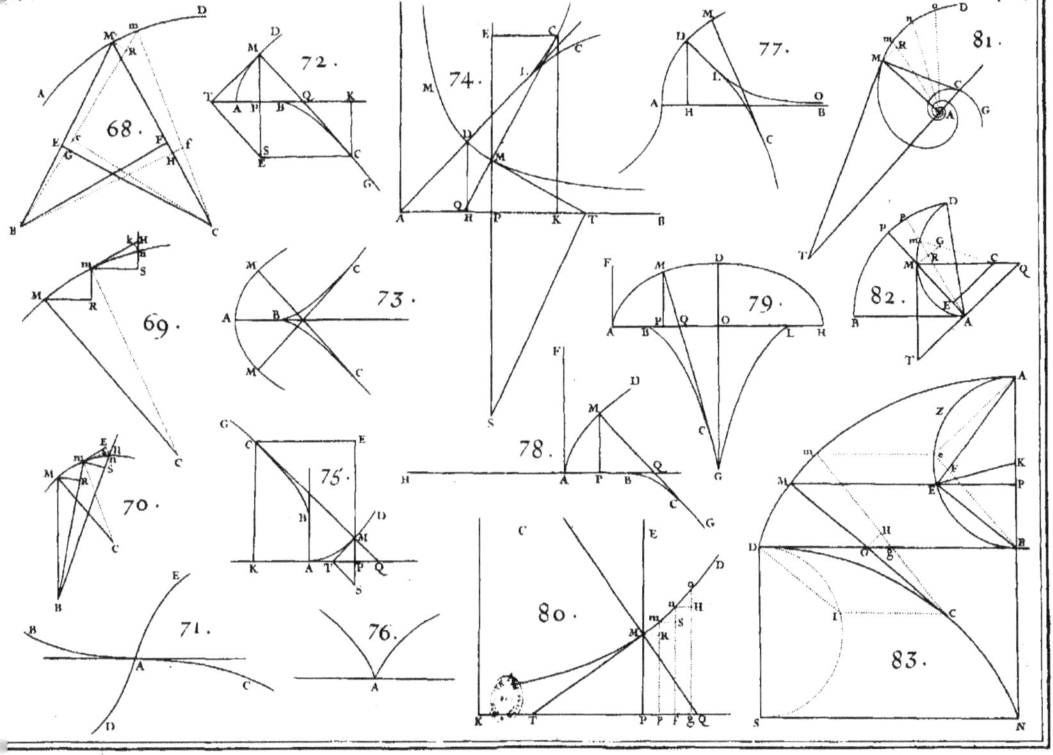
68.
72.
74.
77.
81.
69.
73.
79.
82.
78.
70.
75.
80.
83.
71.
76.

chacune à sa correspondante, il est manifeste que la demi-roulette *AMD* sera l'assemblage d'une infinité de petits arcs qui auront pour centres successivement tous les points touchans *G*, & qui seront décrits chacun par le même point *M* ou *A*.

3°. Que si l'on décrit du centre *O* du cercle immobile l'arc concentrique *ME*; les arcs *MG, EB* du cercle mobile seront égaux entr'eux, aussi-bien que leurs cordes *MG, EB* & les angles *OGM*, *OBE*. Car les droites *OK, OK* qui joignent les centres des deux cercles sont égales, puisqu'elles passent par les points touchans *B, G*; c'est-pourquoy menant les rayons *OM*, *OE* & *KE*, on formera les triangles *OKM, OKE* égaux & semblables. L'angle *OKM* étant donc égal à l'angle *OKE*; les arcs *MG, BE* des demi-cercles égaux *MGB, BEA*, qui mesurent ces angles, seront égaux, comme aussi leurs cordes *MG, EB*; d'où il suit que les angles *OGM, OBE* le seront aussi.

Cela posé, soit entenduë une autre perpendiculaire *mC* infiniment proche de la premiere, un autre arc concentrique *me*, & une autre corde *Be*; soient décrits des centres *C, B*, les petits arcs *GH, EF*. Les triangles réctangles *GHg*, *EFe* seront égaux & semblables; car *Gg* ou $Dg - DG = Ee$ ou à l'arc $Be -$ l'arc *BE*, de plus *Hg* ou $mg - MG = Fe$ ou à $Be - BE$. Le petit arc *GH* sera donc égal au petit arc *EF*; d'où il suit que l'angle *GCH* est à l'angle *EBF*, comme *BE* est à *CG*. Ainsi toute la difficulté se réduit à trouver le rapport de ces angles. Ce qui se fait en cette sorte. FIG. 85.

Ayant mené les rayons *OG, Og, KE, Ke*, & nommé *OG* ou *OB*, *b*; *KE* ou *KB* ou *KA*, *a*; il est clair que l'angle $EBe = OBe - OBE = Ogm - OGM =$ (en menant *GL*, *GV* paralleles à *Cm*, *Og*) $LGM - OGV = GCH - GOg$. On aura donc l'angle $GCH = GOg + EBF$. Or les arcs *Gg, Ee* étant égaux, l'on aura aussi $GOg . EKe$ ou $2EBF :: KE\ (a) . OG\ (b)$. & partant l'angle $GOg = \frac{2a}{b} EBF$, & $GCH = \frac{2a+b}{b} EBF$. Donc $GCH . EBF$ ou $BE . CG :: \frac{2a+b}{b} . 1$. & partant l'inconnuë $CG = \frac{b}{2a+b}$ *BE* ou *MG*. Ce qui donne cette construction.

FIG. 86. Soit fait *OA* $(2a+b)$. *OB* (b) :: *MG*. *GC*. le point *C* sera à la dévelopée.

Il est clair 1°. Que cette dévelopée commence au point *D*, & qu'elle y touche la base *BGD*; puisque l'arc *GM* devient en ce point infiniment petit. 2°. Qu'elle se termine au point *N*, en sorte que *OA*. *OB* :: *AB*. *BN* :: *OA* — *AB* ou *OB*. *OB* — *BN* ou *ON*. c'est-à-dire que *OA*, *OB*, *ON* sont continüellement proportionnelles. 3°. Si l'on décrit à présent le cercle *NSQ* du centre *O*, je dis que la dévelopée *DCN* est formée par la révolution du cercle mobile *GCS*, qui a pour diametre *GS* ou *BN*, autour de l'immobile *NSQ*: c'est-à-dire qu'elle est une demi-roulette semblable à la proposée, ou de même espece (parce que les diametres *AB*, *BN* des cercles mobiles ont entr'eux le même rapport que les rayons *OB*, *ON* des cercles immobiles), & posée dans une situation renversée en sorte que son sommet est en *D*. Pour le prouver, supposons que les diametres des cercles mobiles se trouvent sur la droite *OT* menée à discrétion du centre *O*; elle passera par les points touchans *S*, *G*; & faisant *AB* ou *TG*. *BN* ou *GS* :: *MG*. *GC*. le point *C* sera à la dévelopée, & de plus à la circonférence du cercle *GCS*; car l'angle *GMT* étant droit, l'angle *GCS* le sera aussi. Or à cause des angles égaux *MGT*, *CGS*, l'arc *TM* ou *GB* est à l'arc *CS*, comme le diametre *GT* au diametre *GS* :: *OG*. *OS* :: *GB*. *NS*. & partant les arcs *CS*, *SN* sont égaux. Donc, &c.

COROLLAIRE I.

Art. 75. 101. IL est clair que la portion de roulette *DC* est égale à la droite *CM*; & partant que *DC* est à sa tangente *CG* :: *AB* + *BN*. *BN* :: *OB* + *ON*. *ON*. c'est-à-dire comme la somme des diametres des deux cercles générateurs, ou des cercles mobile & immobile, est au rayon du cercle immobile. Cette verité se découvre encore de la maniére

niére qui suit. A cause des triangles semblables CMm, CGH, FIG. 85.
l'on aura $Mm.GH$ ou $EF :: MC.\ GC :: OA + OB\ (2a + 2b).\ OB\ (b)$. D'où il suit (comme dans l'art. 97.) que la portion de roulette AM est à la corde correspondante AE, comme la somme des diametres du cercle générateur & de la base, est au rayon de la base.

COROLLAIRE II.

102. Le trapéze $MGHm = \overline{\frac{1}{2}GH + \frac{1}{2}Mm} \times MG$. Or FIG. 85.
$CG\ (\frac{b}{2a+b}MG).\ CM\ (\frac{2a+2b}{2a+b}MG) :: GH.\ Mm = \frac{2a+2b}{b}GH$. Donc puisque $GH = EF$, & $MG = EB$, l'on aura $MGHm = \frac{2a+3b}{2b}EF \times EB$: c'est-à-dire que le trapéze $MGHm$ sera toûjours au triangle correspondant $EBF :: 2a + 3b.\ b$.

D'où il suit que l'espace $MGBA$ renfermé par MG, AB perpendiculaires à la roulette, par l'arc BG & par la portion de roulette MA, est au segment de cercle correspondant $BEZA :: 2a + 3b.\ b$.

COROLLAIRE III.

103. Il est visible que la quadrature indéfinie de la roulette dépend de la quadrature du cercle : mais si l'on FIG. 87.
prend OQ moyenne proportionnelle entre OK, OA, & qu'on décrive de ce rayon l'arc QEM ; je dis que l'espace $ABEM$ renfermé par le diametre AB, la corde BE, l'arc EM, & par la portion de roulette AM, est au triangle $EKB :: 2a + 3b.\ b$. Car nommant l'arc AE ou GB, u ; le rayon OQ, z ; l'on aura $OB\ (b).\ OQ\ (z) :: GB\ (u).\ RQ$ ou $ME = \frac{uz}{b}$. & partant l'espace $RGBQ$ ou $MGBE$, c'est-à-dire $\overline{\frac{1}{2}GB + \frac{1}{2}RQ} \times BQ = \frac{zzu - bbu}{2b}$. Or* l'espace de * Art. 102.
la roulette $MGBA = \frac{2a+3b}{b} \times BEZA = \frac{2a+3b}{b} \times EKB + \frac{2a+3b}{b} \times KEZA\ (\frac{au}{2})$. Si donc l'on retranche le précédent espace de celui-ci, il restera $ABEM = \frac{2aau + 3abu + bbu - zzu}{2b} + \frac{2a+3b}{b} \times EKB$

$= \frac{2a+3b}{b}$ *EKB*, puisque par la construction $zz = 2aa + 3ab + bb$. D'où l'on voit que cet espace a sa quadrature indépendante de celle du cercle, & qu'il est le seul parmi tous ses semblables.

En voici encore un autre qui a la même proprieté. Si l'on retranche de l'espace *ABEM* le segment *BEZA* ($\frac{1}{2}au$ $+ EKB$), il restera l'espace $AZEM = \frac{2aau + 2abu + bbu - zzu}{2b}$ $+ \frac{2a+2b}{b} EKB = \frac{2a+2b}{b} EKB$ en faisant $zz = 2aa + 2ab + bb$: c'est-à-dire que si l'on divise la demi-circonférence en deux également au point *E*, l'espace *AZEM* sera au double du triangle *EKB*, c'est-à-dire au quarré du rayon :: *OK* ($a + b$). *OB* (b).

COROLLAIRE IV.

FIG. 88. 104. Si le cercle mobile *AEB* roule au dedans de l'immobile *BGD*, son diametre *AB* devient négatif de positif qu'il étoit auparavant; & partant il faut changer de signes les termes où il se rencontre avec une dimension impaire. D'où il suit, 1°. Que si l'on mene à discrétion la perpendiculaire *MG* à la roulette, & que l'on fasse *OA* ($b - 2a$). *OB* (b) :: *MG*. *GC*. le point *C* sera* à la dévelopée *DCN* décrite par la révolution du cercle qui a pour diametre *BN*, au dedans de la circonférence *NS* concentrique à *BD*. 2°. Que si l'on décrit du centre *O* l'arc *ME*, la portion de roulette *AM* sera* à la corde *AE* :: $2b - 2a. b$. 3°. Que l'espace *MGBA* est* au segment *BEZA* $= 3b - 2a. b$. 4°. Que si l'on prend $OQ = \sqrt{2aa - 3ab + bb}$, c'est-à-dire moyenne proportionnelle entre *OK*, *OA*; l'espace *ABEM* renfermé par la portion de roulette *AM*, l'arc *ME*, la corde *EB*, & le diametre *AB*, sera* au triangle *EKB* :: $3b - 2a. b$. Mais que si l'on fait *OQ* ou $OE = \sqrt{2aa - 2ab + bb}$, c'est-à-dire que l'arc *AE* soit le quart de la circonférence; l'espace *AZEM* renfermé par la portion *AM* de roulette & par les deux arcs *ME*, *AE*, sera* au triangle *EKB* qui est en ce cas la moitié du quarré du rayon :: $2b - 2a. b$.

* Art. 100.
* Art. 101.
* Art. 102.
* Art. 103.
* Ibid.

COROLLAIRE V.

105. Si l'on conçoit que le rayon OB du cercle immobile devienne infini, l'arc BGD deviendra une ligne droite, & la courbe AMD deviendra la roulette ordinaire. Or comme dans ce cas le diametre AB du cercle mobile est nul par rapport à celuy de l'immobile ; il s'ensuit, 1°. Que $MG . GC :: b . b$. Puisque $b \pm 2a = b$, c'est-à-dire que $MG = GC$; & partant que si l'on prend $BN = AB$, & qu'on mene la droite NS parallele à BD, la dévelopée DCN sera formée par la révolution du cercle, qui a pour diametre BN, sur la base NS. 2°. Que la portion de roulette AM est à la corde correspondante $AE :: 2b . b$. 3°. Que l'espace $MGBA$ est au segment $BEZA :: 3b . b$. 4°. Puisque BQ ou $\pm OQ \mp OB$, que j'appelle x, est $= \mp b \pm \sqrt{2aa \pm 3ab + bb}$, d'où l'on tire (en ôtant les incommensurables) $xx \pm 2bx = 2aa \pm 3ab$; l'on aura en $x = \frac{3}{2}a$, effaçant les termes où b ne se rencontre point, parce qu'ils sont nuls par rapport aux autres. C'est-à-dire que si l'on prend dans la roulette ordinaire $BP = \frac{3}{4} AB$, & qu'on mene la droite PEM parallele à la base BD ; l'espace $AMEB$ sera triple du triangle EKB. On trouvera en opérant de la même maniére, que si le point P tombe au centre K, l'espace $AZEM$ renfermé par la portion de roulette AM, la droite ME, & l'arc AE, sera égal au quarré du rayon. Ce que l'on a déja démontré ci-devant art. 99.

FIG. 86. 88. FIG. 85. 88. FIG. 87. 88. FIG. 83.

REMARQUE.

106. Comme les arcs DG, GM sont toûjours égaux entr'eux, il s'ensuit que l'angle DOG est aussi toûjours à l'angle $GKM :: GK . OG$. C'est-pourquoy l'origine D de la roulette DMA, les rayons OG, GK des cercles générateurs, & le point touchant G étant donnés, si l'on veut déterminer dans cette position le point M qui décrit la roulette, il ne faut que

FIG. 84.

tirer le rayon *KM* en ſorte que l'angle *GKM* ſoit à l'angle donné *DOG* :: *OG*. *GK*. Or je dis maintenant que cela ſe peut toûjours faire geometriquement lorſque le raport de ces rayons ſe peut exprimer par nombres; & partant que la roulette *DMA* eſt alors geometrique.

Car ſuppoſant, par exemple, que *OG*. *GK* :: 13. 5; il eſt clair que l'angle *MKG* doit contenir deux fois l'angle donné *DOG* & de plus $\frac{3}{5}$ de cet angle. Toute la difficulté ſe réduit donc à diviſer l'angle *DOG* en cinq parties égales. Or c'eſt une choſe connuë parmi les Geométres, qu'on peut toûjours diviſer geométriquement un angle ou un arc donné en tant de parties égales qu'on voudra; puiſqu'on arrive toûjours à quelque équation qui ne renferme que des lignes droites. Donc, &c.

Je dis de plus que la roulette *DMA* eſt mécanique, ou ce qui eſt la même choſe, qu'on ne peut déterminer geométriquement ſes points *M* lorſque la raiſon de *OG* à *KG* ne ſe peut exprimer par nombres, c'eſt-à-dire lorſqu'elle eſt ſourde.

Car toute ligne, ſoit mécanique ſoit geométrique, ou
FIG. 89. rentre en elle-même ou s'étend à l'infini; puiſqu'on peut toûjours en continüer la génération. Si donc le cercle mobile *ABC* décrit par ſon point *A* dans ſa premiére révolution la roulette *ADE*, cette roulette ne ſera pas encore finie, & continüant toûjours de rouler il décrira la ſeconde *EFG*, puis la troiſiéme *GHI*, & ainſi de ſuite juſqu'à ce que le point décrivant *A* retombe aprés pluſieurs révolutions dans le même point d'où il étoit parti. Et pour lors ſi on recommence à rouler le cercle mobile *ABC*, il décrira derechef la même ligne courbe, de ſorte que toutes ces roulettes priſes enſemble ne compoſent qu'une ſeule courbe *ADEFGHI*, &c. Or les rayons des cercles générateurs étant incommenſurables, leurs circonférences le ſeront auſſi; & par-conſéquent le point décrivant *A* du cercle mobile *ABC* ne poura jamais retomber dans le point *A* de l'immobile, d'où il étoit parti, ſi grand que

puisse être le nombre des révolutions. Il y aura donc une infinité de roulettes qui ne formeront cependant qu'une même ligne courbe *ADEFGHI*, &c. Maintenant si l'on mene au travers du cercle immobile une ligne droite indéfinie, il est clair qu'elle coupera la courbe continuée à l'infini en une infinité de points. Or comme l'équation qui exprime la nature d'une ligne geométrique doit avoir au moins autant de dimensions que cette ligne peut être coupée en de différens points par une droite; il s'ensuit que l'équation qui exprimeroit la nature de cette courbe auroit une infinité de dimensions. Ce qui ne pouvant être, on voit évidemment que la courbe doit être mécanique ou transcendente.

PROPOSITION III.

Problême.

107. L*A ligne courbe* BFC *étant donnée, trouver une infinité de lignes* AM, BN, EFO, *dont elle soit la dévelopée commune.* FIG. 90.

Si l'on dévelope la courbe *BFC* en commençant par le point *A*, il est clair que tous les points *A*, *B*, *F* du fil *ABFC* décriront dans ce mouvement des lignes courbes *AM*, *BN*, *FO*, qui auront toutes pour dévelopée commune la courbe donnée *BFC*. Mais il faut observer que la ligne *FO* n'ayant pour dévelopée que la partie *FC*, son origine n'est pas en *F*; & que pour la trouver, il faut déveloper la partie restante *BF* en commençant au point *F* pour décrire la portion *EF* de la courbe *EFO* dont l'origine est en *E*, & qui a pour dévelopée la courbe entiére *BFC*.

Si l'on veut trouver les points *M*, *N*, *O* sans se servir du fil *ABFC*, il n'y a qu'à prendre sur une tangente quelconque *CM* autre que *BA*, les parties *CM*, *CN*, *CO* égales à *ABFC*, *BFC*, *FC*.

COROLLAIRE.

108. Il est évident, 1°. Que les courbes *AM, BN, EFO* sont d'une nature tres-différente entr'elles; puisque la courbe *AM* a dans son sommet *A* le rayon de sa dévelopée égal à *AB*, au lieu que celuy de la courbe *BN* est nul. Il est visible aussi par la figure même de la courbe *EFO* qu'elle est tres-différente des courbes *AM, BN*.

2°. Que les courbes *AM, BN, EFO* ne sont geometriques que lorsque la donnée *BFC* est geométrique & de plus rectifiable. Car si elle n'est pas geométrique, en prenant *BK* pour la coupée, on ne trouvera point geométriquement l'appliquée *KC*: & si elle n'est pas rectifiable, ayant mené la tangente *CM*, on ne pourra déterminer geométriquement les points *M, N, O* des courbes *AM, BN, EFO*; puisqu'on ne peut trouver geométriquement des lignes droites égales à la ligne courbe *BFC*, & à ses portions *BF, FC*.

REMARQUE.

FIG. 91. 109. Si l'on dévelope une ligne courbe *BAC* qui ait un point d'infléxion en *A*, en commençant par le point *D* autre que le point d'infléxion; on formera par le dévelopement de la partie *BAD* la partie *DEF*; & par celuy de la partie *DC*, la partie restante *DG*: de sorte que *FEDG* sera la courbe entiere formée par le dévelopement de *BAC*. Or il est visible que cette courbe rebrousse chemin aux points *D* & *E*, avec cette différence qu'au point de rebroussement *D* les parties *DE, DG* ont leur convexité opposée l'une à l'autre; au lieu qu'au point *E* les parties *DE, EF* sont concaves vers le même côté. On a enseigné dans la section précédente à trouver les points de rebroussement tels que *D*: il est question maintenant de déterminer les points *E*, qu'on peut appeller points de rebroussement de la seconde sorte, & que personne, que je sçache, n'a encore consideré.

Pour en venir à bout, on menera à discretion sur la

partie *DE* deux perpendiculaires *MN*, *mn*, terminées par la dévelopée aux points *N*, *n*, par lesquels on tirera deux autres perpendiculaires *NH*, *nH* sur les premiéres *NM*, *nm*; ce qui formera deux petits secteurs *MNm*, *NHn* qui seront semblables, puisque les angles *MNm*, *NHn* sont égaux. On aura donc *Nn*. *Mm* :: *NH*. *NM*. Or dans le point d'inflexion *A* le rayon *NH* devient* infini ou zero; & le rayon *MN*, qui devient *AE*, demeure d'une grandeur finie. Il faut donc qu'au point de rebroussement *E* de la seconde sorte, la raison de la différence *Nn* du rayon *MN* de la dévelopée, à la différence *Mm* de la courbe, devienne ou infiniment grande ou infiniment petite. Et partant * *Art.* 81.

puisque* $Nn = \frac{-3dxdyddy^2\,\overline{dx^2+dy^2}^{\frac{1}{2}} + dxdddy\,\overline{dx^2+dy^2}^{\frac{3}{2}}}{dx^2ddy^2}$, & * *Art.* 86.

$Mm = \sqrt{dx^2+dy^2}$, l'on aura $\frac{dx^2dddy + dy^2dddy - 3dyddy^2}{dxddy^2} = 0$ ou ∞; & multipliant par $dxddy^2$, on trouvera la formule $dx^2dddy + dy^2dddy - 3dyddy^2 = 0$ ou ∞, qui servira à déterminer les points de rebroussement de la seconde sorte.

On peut encore concevoir qu'une rebroussante *DEF* ou *HDEFG* de la seconde sorte, ait pour dévelopée une autre rebroussante *BAC* de la seconde sorte, telle que son point de rebroussement *A* réponde au point de rebroussement *E*, c'est-à-dire qu'il soit situé sur le rayon de la dévelopée qui part du point *E*. Or il est clair dans cette supposition, que le rayon *EA* de la dévelopée sera toûjours un *plus petit* ou un *plus grand*; & partant que la FIG. 92. 93.

différence de $\frac{\overline{dx^2+dy^2}^{\frac{3}{2}}}{-dxddy}$ expression générale* des rayons * *Art.* 78.

de la dévelopée, doit être nulle ou infinie au point cherché *E*; ce qui donne la même formule qu'auparavant: de sorte qu'elle est générale pour trouver les points de rebroussement de la seconde sorte.

SECTION VI.

Usage du calcul des différences pour trouver les Caustiques par refléxion.

DÉFINITION.

FIG. 94. 95. SI l'on conçoit qu'une infinité de rayons *BA, BM, BD,* qui partent d'un point lumineux *B*, se réfléchissent à la rencontre d'une ligne courbe *AMD*, en sorte que les angles de réfléxion soient égaux aux angles d'incidence; la ligne *HFN*, que touchent les rayons réfléchis ou leur prolongemens *AH, MF, DN,* est appellée *Caustique par réfléxion.*

COROLLAIRE I.

FIG. 94. 110. Si l'on prolonge *HA* en *I*, de sorte que $AI = AB$, & que l'on dévelope la caustique *HFN* en commençant au point *I*; on décrira la courbe *ILK* telle que la tangen-

*Art. 75. te *FL* sera * continuëllement égale à la portion *FH* de la caustique plus à la droite *HI*. Et si l'on conçoit deux rayons incident & réfléchi *Bm, mF* infiniment prés de *BM, MF*, & qu'ayant prolongé *Fm* en *l*, on décrive des centres *F, B* les petits arcs *MO, MR*: on formera les petits triangles réctangles *MOm, MRm*, qui seront semblables & égaux; car puisque l'angle $OmM = FmD = RmM$, & que de plus l'hypotenuse *Mm* est commune, les petits côtés *Om*, *Rm* seront égaux entr'eux. Or puisque *Om* est la différence de *LM*, & *Rm* celle de *BM*, & que cela arrive toûjours en quelque endroit qu'on prenne le point *M*; il

*Art. 96. s'ensuit que $ML - IA$ ou $AH + HF - MF$ somme * de toutes les differences *Om* dans la portion de courbe *AM*,

*Art. 96. est $= BM - BA$ somme * de toutes les differences *Rm* dans la même portion *AM*. Donc la portion *HF* de la caustique *HFN* sera égale à $BM - BA + MF - AH$.

Il peut arriver differens cas, selon que le rayon incident *BA* est plus grand ou moindre que *BM*, & que le

réfléchi

réfléchi *AH* dévelope ou envelope la portion *HF* pour parvenir en *MF* : mais l'on prouvera toûjours, comme l'on vient de faire, que la différence des rayons incidens est égale à la différence des rayons réfléchis, en joignant à l'un d'eux la portion de la caustique qu'il dévelope avant que de tomber sur l'autre. Par exemple, $BM - BA = MF + FH - AH$; d'où l'on tire $FH = BM - BA + AH - MF$. FIG. 95.

Si l'on décrit du centre *B* l'arc de cercle *AP* ; il est clair que *PM* sera la différence des rayons incidens *BM*, *BA*. Et si l'on suppose que le point lumineux *B* devienne infiniment éloigné de la courbe *AMD* ; les rayons incidens *BA*, *BM* deviendront paralleles, & l'arc *AP* deviendra une ligne droite perpendiculaire sur ces rayons. FIG. 94. 95. FIG. 96.

COROLLAIRE II.

III. Si l'on conçoit que la figure *BAMD* soit renversée sur le même plan, en sorte que le point *B* tombe sur le point *I*, & qu'ainsi la tangente en *A* de la courbe *AMD* dans sa premiére situation, la touche encore dans cette nouvelle ; & qu'on fasse rouler la courbe *aMd* sur *AMD*, c'est-à-dire sur elle-même, en sorte que les portions *aM*, *AM* soient toûjours égales : je dis que le point *B* décrira dans ce mouvement une espece de roulette *ILK* qui aura pour dévelopée la caustique *HFN*. FIG. 94.

Car il suit de la génération, 1°. Que la ligne *LM* tirée du point décrivant *L* au point touchant *M* sera* perpendiculaire à la courbe *ILK*. 2°. Que *La* ou $IA = BA$, & $LM = BM$. 3°. Que les angles faits par les droites *ML*, *BM* sur la tangente commune en *M* sont égaux ; & partant que si l'on prolonge *LM* en *F*, le rayon *MF* sera le réfléchi de l'incident *BM*. D'où l'on voit que la perpendiculaire *LF* touche la caustique *HFN* : & comme cela arrive toûjours en quelque endroit qu'on prenne le point *L*, il s'ensuit que la courbe *ILK* est formée par le dévelopement de la caustique *HFN*, plus la droite *HI*. *Art. 43.

Il suit de ceci que la portion *FH* ou $FL - HI = BM$

$+MF-BA-AH$. Ce que l'on vient de démontrer d'une autre maniére dans le Corollaire précédent.

COROLLAIRE III.

112. Si la tangente *DN* devient infiniment proche de la tangente *FM*; il est clair que le point touchant *N*, & celuy d'intersection *V* se confondront avec l'autre point touchant *F*: de sorte que pour trouver le point *F* où le rayon réfléchi *MF* touche la caustique *HFN*, il ne faut que chercher le point de concours des rayons réfléchis infiniment proches *MF*, *mF*. Et en effet, si l'on imagine une infinité de rayons d'incidence infiniment proches les uns des autres, on verra naître par les intersections des réfléchis un poligone d'une infinité de côtés dont l'assemblage composera la caustique *HFN*.

PROPOSITION I.

Problême général.

FIG. 97. 113. *La nature de la courbe* AMD, *le point lumineux* B, *& le rayon incident* BM *étant donnés; trouver sur le réfléchi* MF *donné de position, le point* F *où il touche la caustique.*

Ayant trouvé par la section précédente la longueur *MC* du rayon de la dévelopée au point *M*, & pris l'arc *Mm* infiniment petit, on tirera les droites *Bm*, *Cm*, *Fm*; on décrira des centres *B*, *F* les petits arcs *MR*, *MO*; on menera les perpendiculaires *CE*, *Ce*, *CG*, *Cg* sur les rayons incidens & réfléchis; ensuite on nommera les données *BM*, y; *ME* ou *MG*, a.

Art. 110. Cela posé, on prouvera, comme dans le Corollaire premier, que les triangles *MRm*, *MOm* sont semblables & égaux; & qu'ainsi $MR = MO$. Or à cause de l'égalité des angles d'incidence & de réfléxion, l'on a aussi $CE = CG$, $Ce = Cg$; & partant $CE - Ce$ ou $EQ = CG - Cg$ ou SG. Donc à cause des triangles semblables *BMR* & *BEQ*, *FMO* & *FGS*, l'on aura $BM + BE\ (2y - a) . BM\ (y) :: MR + EQ$

ou $MO + GS$. MR ou MO :: MG (a). $MF = \frac{ay}{2y - a}$.

Si le point lumineux B tomboit de l'autre côté du point E par rapport au point M, ou (ce qui eſt la même choſe) ſi la courbe AMD étoit convexe vers le point lumineux B; y deviendroit négative de poſitive qu'elle étoit, & l'on auroit par-conſéquent $MF = \frac{-ay}{-2y - a}$ ou $\frac{ay}{2y + a}$.

Si l'on ſuppoſe que y devienne infinie, c'eſt-à-dire que le point B ſoit infiniment éloigné de la courbe AMD; les rayons incidens ſeront paralleles entr'eux, & l'on aura $MF = \frac{1}{2}a$, parce que a eſt nulle par rapport à $2y$. FIG. 96.

COROLLAIRE I.

114. COMME l'on ne trouve pour MF qu'une ſeule valeur dans laquelle entre le rayon de la dévelopée; il s'enſuit qu'une ligne courbe AMD ne peut avoir qu'une ſeule cauſtique HFN par réfléxion, puiſqu'elle* n'a qu'une ſeule dévelopée. FIG. 94. 95. *Art. 80.

COROLLAIRE II.

115. LORSQUE AMD eſt geométrique, il eſt clair* que ſa dévelopée l'eſt auſſi, c'eſt-à-dire que l'on trouve geométriquement tous les points C. D'où il ſuit que tous les points F de ſa cauſtique ſeront auſſi déterminés geométriquement, c'eſt-à-dire que la cauſtique HFN ſera geométrique. Mais je dis de plus, que cette cauſtique ſera toûjours réctifiable; puiſqu'il eſt évident* que l'on peut trouver avec le ſecours de la courbe AMD, qu'on ſupoſe geométrique, des lignes droites égales à une de ſes portions quelconques. * Art. 85. FIG. 97. FIG. 94. 95. *Art. 110.

COROLLAIRE III.

116. SI la courbe AMD eſt convexe vers le point lumineux B; la valeur de MF $\left(\frac{ay}{2y + a}\right)$ ſera toûjours poſitive; & il faudra prendre par-conſéquent le point F du FIG. 97.

côté du point C, par rapport au point M, comme l'on a ſuppoſé en faiſant le calcul. D'où l'on voit que les rayons réfléchis infiniment proches ſeront divergens.

Mais ſi la courbe AMD eſt concave vers le point lumineux B, la valeur de $MF\left(\frac{ay}{2y-a}\right)$ ſera poſitive lorſque y ſurpaſſe $\frac{1}{2}a$, négative lorſqu'il eſt moindre, & infinie lorſqu'il eſt égal. D'où il ſuit que ſi l'on décrit un cercle qui ait pour diamétre la moitié du rayon MC de la dévelopée, les rayons réfléchis infiniment proches ſeront convergens lorſque le point lumineux B tombe au dehors de ſa circonférence, divergens lorſqu'il tombe au dedans, & enfin paralleles lorſqu'il tombe deſſus.

Corollaire IV.

117. Si le rayon incident BM touche la courbe AMD au point M, l'on aura $ME\ (a)=0$; & partant $MF=0$. Or comme le rayon réfléchi eſt alors dans la direction de l'incident, & que la nature de la cauſtique conſiſte à toucher tous les rayons réfléchis ; il s'enſuit qu'elle touchera auſſi le rayon incident BM au point M: c'eſt-à-dire que la cauſtique & la donnée auront la même tangente dans le point M qui leur ſera commun.

Si le rayon MC de la dévelopée eſt nul, on aura encore $ME\ (a)=0$; & partant $MF=0$. D'où l'on voit que la donnée & la cauſtique font entr'elles dans le point M qui leur eſt commun, un angle égal à l'angle d'incidence.

Si le rayon CM de la dévelopée eſt infini, le petit arc Mm deviendra une ligne droite, & l'on aura $MF=\mp y$; puiſque $ME\ (a)$ étant infinie, y ſera nul par rapport à a. Or comme cette valeur eſt négative lorſque le point B tombe du côté du point C par rapport à la ligne AMD, & poſitive lorſqu'il tombe du côté oppoſé ; il s'enſuit que les rayons réfléchis infiniment proches ſeront toûjours divergens lorſque la ligne AMD eſt droite.

COROLLAIRE V.

118. Il est évident que deux quelconques des trois points B, C, F, étant donnés, on trouvera facilement le troisiéme.

Soit 1°. la courbe AMD une Parabole qui ait pour foyer le point lumineux B. Il est clair par les élémens des séctions coniques, que tous les rayons réfléchis seront paralleles à l'axe; & partant que MF sera toûjours infinie en quelque endroit que l'on suppose le point M. On aura donc $a=2y$: d'où il suit que si l'on prend ME double de MB, & qu'on mene la perpendiculaire EC; elle ira couper MC perpendiculaire à la courbe AMD, en un point C qui sera à la dévelopée de cette courbe. FIG. 98.

Soit 2°. la courbe AMD une Ellipse qui ait pour un de ses foyers le point lumineux B. Il est encore clair que tous les rayons réfléchis MF se rencontreront dans un même point F qui sera l'autre foyer. Et si l'on nomme MF, z; l'on aura* $z=\frac{ay}{2y-a}$; d'où l'on tire la cherchée $ME\ (a)=\frac{2yz}{y+z}$. Mais si la courbe AMD est une Hyperbole, le foyer F tombera de l'autre côté; & partant $MF\ (z)$ deviendra négative: d'où il suit qu'on aura alors $ME\ (a)=\frac{-2yz}{y-z}$ ou $\frac{2yz}{z-y}$. Ce qui donne cette construction qui sert aussi pour l'Ellipse. FIG. 99. * Art. 113. FIG. 100.

Soit prise ME quatriéme proportionnelle au demi-axe traversant, & aux rayons incident & réfléchi; soit menée la perpendiculaire EC: elle ira couper la ligne MC perpendiculaire à la séction, en un point C qui sera à la dévelopée. FIG. 99. 100.

EXEMPLE I.

119. Soit la courbe AMD une Parabole, dont les rayons incidens PM soient perpendiculaires sur son axe AP. Il faut trouver sur les réfléchis MF les points F où ils touchent la caustique AFK. FIG. 101.

Il eſt clair que ſi l'on mene le rayon MC de la dévelopée, & qu'on tire la perpendiculaire CG ſur le rayon
*Art. 113. réfléchi MF, il faudra * prendre MF égale à la moitié de MG. Mais cette conſtruction ſe peut abréger, en conſidérant que ſi l'on mene MN parallele à l'axe AP, & la droite ML au foyer L; les angles LMP, FMN ſeront égaux, puiſque par la proprieté de la parabole $LMQ = QMN$, & par la ſuppoſition $PMQ = QMF$. Si donc l'on ajoûte de part & d'autre le même angle PMF, l'angle LMF ſera égal à l'angle PMN, c'eſt-à-dire droit. Or l'on vient de démon-
*Art. 118. num. 1. trer * que LH perpendiculaire ſur ML rencontre le rayon MC de la dévelopée en ſon milieu H. Si donc l'on mene MF parallele & égale à LH, elle ſera un des rayons réfléchis, & touchera en F la cauſtique AFK. Ce qu'il falloit trouver.

Si l'on ſuppoſe que le rayon réfléchi MF ſoit parallele à l'axe AP; il eſt évident que le point F de la cauſtique ſera le plus éloigné qu'il eſt poſſible de l'axe AP, puiſque la tangente en ce point ſera parallele à l'axe. Afin donc de déterminer ce point dans toutes les cauſtiques, telles que AFK, formées par des rayons incidens perpendiculaires à l'axe de la courbe donnée, il n'y a qu'à conſidérer que MP doit être alors égale à PQ. Ce qui donne $dy = dx$. Soit $ax = yy$, on aura $dy = \frac{adx}{2\sqrt{ax}} = dx$, d'où l'on tire $AP\ (x) = \frac{1}{4}a$: c'eſt-à-dire que ſi le point P tombe au foyer L, le rayon réfléchi MF ſera parallele à l'axe. Ce qui eſt d'ailleurs viſible; puiſque dans ce cas MP ſe confondant avec LM, il faut auſſi que MF ſe confonde avec MN, & LH avec LQ. D'où l'on voit que MF eſt alors égale à ML; & partant que ſi l'on mene FR perpendiculaire ſur l'axe, on aura AR ou $AL + MF = \frac{3}{4}a$. On voit auſſi que la portion AF de la cauſtique eſt égale en ce cas au parametre, puiſ-
*Art. 110. qu'elle eſt toûjours * égale à $PM + MF$.

Pour déterminer le point K où la cauſtique AFK rencontre l'axe AP, il faut chercher la valeur de MO, & l'é-

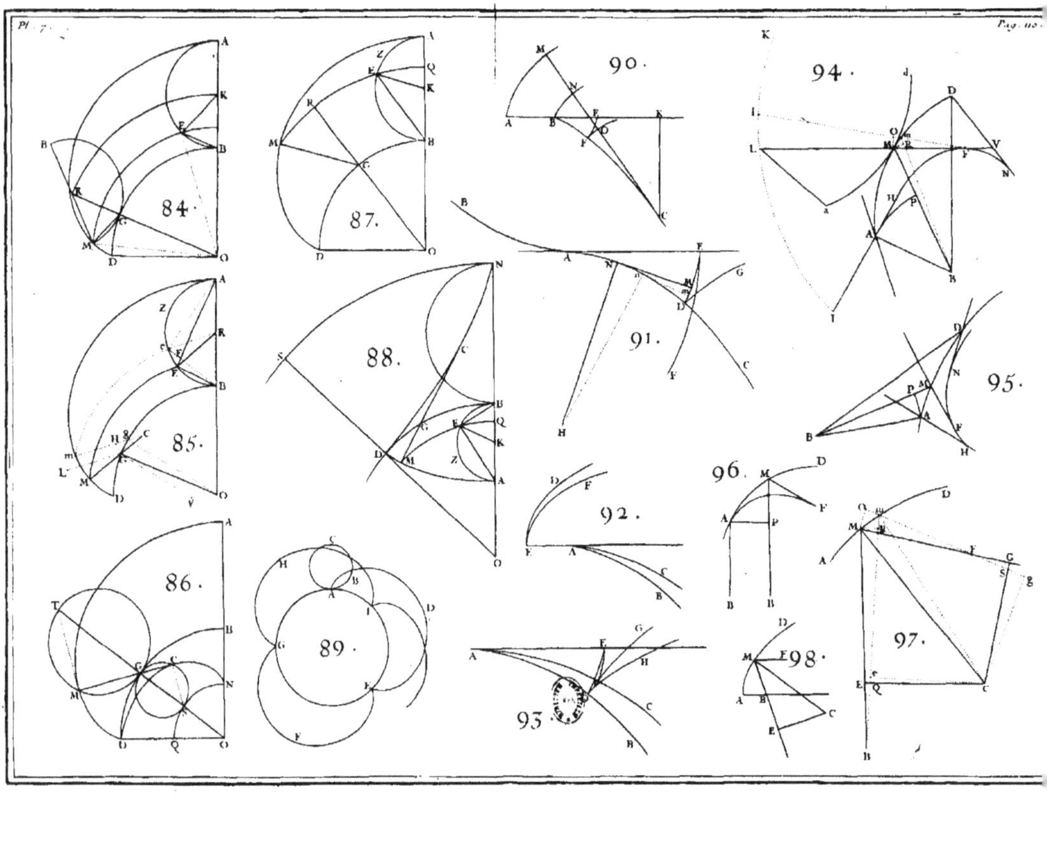
Pl. 7.
Pag. 110.
84.
85.
86.
87.
88.
89.
90.
91.
92.
93.
94.
95.
96.
97.
98.

galer à celle de MF; car il eſt viſible que le point F tombant en K, les lignes MF, MO deviennent égales entr'elles. Nommant donc l'inconnuë MO, t; l'angle PMO coupé en deux également par MQ perpendiculaire à la courbe, donnera $MP(y).MO(t)::PQ\left(\frac{ydy}{dx}\right).$ $OQ=\frac{tdy}{dx}$, & partant $OP=\frac{tdy+ydy}{dx}=\sqrt{tt-yy}$, à cauſe du triangle réctangle MPO; & diviſant de part & d'autre par $t+y$, on trouve $\frac{dy}{dx}=\sqrt{\frac{t-y}{t+y}}$, d'où l'on tire $MO(t)=\frac{ydx^2+ydy^2}{dx^2-dy^2}=MF\left(\frac{1}{2}a\right)=\frac{dx^2+dy^2}{-2ddy}$, puiſque* $ME(a)=\frac{dx^2+dy^2}{-ddy}$. Ce qui donne $dy^2-2yddy=dx^2$, qui ſervira à trouver le point P tel que menant le rayon incident PM & le réfléchi MF, ce dernier touche la cauſtique AFK au point K où elle rencontre l'axe AP. *Art. 77.

On a dans la parabole $y=x^{\frac{1}{2}}$, $dy=\frac{1}{2}x^{-\frac{1}{2}}dx$, $ddy=-\frac{1}{4}x^{-\frac{3}{2}}dx^2$; & mettant ces valeurs dans l'équation précédente, on trouve $\frac{1}{4}x^{-1}dx^2+\frac{1}{2}x^{-1}dx^2=dx^2$; d'où l'on tire $AP(x)=\frac{3}{4}$ du parametre.

Pour trouver la nature de la cauſtique AFK à la maniere de *Deſcartes*, il faut chercher une équation qui exprime la relation de la coupée $AR(u)$, à l'appliquée $RF(z)$; ce qui ſe fait en cette ſorte. Puiſque $MO(t)=\frac{ydx^2+ydy^2}{dx^2-dy^2}$, l'on aura $PO\left(\frac{tdy+ydy}{dx}\right)=\frac{2ydxdy}{dx^2-dy^2}$; & à cauſe des triangles ſemblables MPO, MSF, on formera ces proportions $MO\left(\frac{ydx^2+ydy^2}{dx^2-dy^2}\right).MF\left(\frac{dx^2+dy^2}{-2ddy}\right)$ ou $-2yddy.dx^2-dy^2::MP(y).MS(y-z)=\frac{dx^2-dy^2}{-2ddy}::PO\left(\frac{2ydxdy}{dx^2-dy^2}\right).$ SF ou $PR(u-x)=\frac{dxdy}{-ddy}$. On aura donc ces deux équations $z = y + \frac{dy^2 - dx^2}{-2ddy}$, & $u = x + \frac{dxdy}{-ddy}$, qui serviront avec celle de la courbe donnée à en former une nouvelle où x & y ne se trouveront plus, & qui exprimera par-conséquent la relation de $AR\ (u)$ à $FR\ (z)$.

Lorsque la courbe *AMD* est une parabole, comme l'on a supposé dans cet éxemple, on trouvera $z = \frac{3}{2}x^{\frac{1}{2}} - 2x^{\frac{3}{2}}$, ou (en quarrant chaque membre) $\frac{9}{4}x - 6xx + 4x^3 = zz$, & $u = 3x$; d'où l'on tire l'équation cherchée $azz = \frac{4}{27}u^3 - \frac{2}{3}auu + \frac{3}{4}aau$ qui exprime la nature de la caustique *AFK*. On peut remarquer que *PR* est toûjours double de *AP*, puisque $AR\ (u) = 3x$; ce qui fournit encore une nouvelle maniére de déterminer sur le rayon réfléchi *MF* le point cherché *F*.

EXEMPLE II.

FIG. 102. 120. SOIT la courbe *AMD* un demi-cercle qui ait pour diametre la ligne *AD*, & pour centre le point *C*; soient les rayons incidens *PM* perpendiculaires sur *AD*.

Comme la dévelopée du cercle se réünit en un seul point qui en est le centre, il s'ensuit* que si l'on coupe le rayon *CM* en deux également au point *H*, & qu'on mene *HF* perpendiculaire sur le rayon réfléchi *MF*, il coupera ce rayon en un point *F*, où il touche la caustique *AFK*. Il est clair que le rayon réfléchi *MF* est égal à la moitié de l'incident *PM*; d'où il suit, 1°. Que le point *P* tombant en *C*, le point *F* tombe en *K* milieu de *CB*. 2°. Que la portion *AF* est triple de *MF*, & la caustique *AFK* triple de de *BK*. On voit aussi que si l'on fait l'angle *ACM* demi-droit, le rayon réfléchi *MF* sera parallele à *AC*; & partant que le point *F* sera plus élevé au dessus du diametre *AD*, que tout autre point de la caustique.

* *Art.* 113.

Le cercle qui a pour diametre *MH*, passe par le point *F*; puisque l'angle *HFM* est droit. Et si l'on décrit du centre

tre C & du rayon CK ou CH, moitié de CM, le cercle KHG; l'arc HF sera égal à l'arc HK: car l'angle CMF étant égal à CPM ou HCK, les arcs $\frac{1}{2}HF, HK$; qui mesurent ces angles dans les cercles MFH, KHG, seront entr'eux comme les rayons $\frac{1}{2}MH, HC$ de ces cercles. D'où l'on voit que la Caustique AFK est une Roulette formée par la révolution du cercle mobile MFH autour de l'immobile KHG, dont l'origine est en K, & le sommet en A.

EXEMPLE III.

121. SOIT la courbe AMD un cercle qui ait pour diametre la ligne AD, & pour centre le point C; soit le point lumineux A, d'où partent tous les rayons incidens AM, l'une des extrémités de ce diametre. FIG. 103.

Si l'on mene du centre C sur le rayon incident AM la perpendiculaire CE: il est clair par la proprieté du cercle, que le point E coupe en deux parties égales la corde AM; & qu'ainsi $ME\ (a) = \frac{1}{2}y$. On aura donc $MF\ \left(\frac{ay}{2y-a}\right) = \frac{1}{3}y$: c'est-à-dire qu'il faut prendre le rayon réfléchi MF égal au tiers de l'incident AM. D'où l'on voit que $DK = \frac{1}{3}AD$, $CK = \frac{1}{3}CD$, & que * la caustique AFK = $\frac{4}{3}AD$, de même que sa portion $AF = \frac{4}{3}AM$. Si l'on prend $AM = AC$, le rayon réfléchi MF sera parallele au diametre AD; & par-conséquent le point F sera le plus élevé qu'il soit possible au dessus de ce diametre. *Art. 110.

Si l'on prend $CH = \frac{1}{3}CM$, & qu'on tire HF perpendiculaire sur MF; le point F sera à la caustique: car menant HL perpendiculaire sur AM, il est clair que $ML = \frac{2}{3}ME = \frac{1}{3}AM$, puisque $MH = \frac{2}{3}CM$. Le cercle qui a pour diametre MH, passera donc par le point F de la caustique; & si l'on décrit un autre cercle KHG du centre C, & du rayon CK ou CH, il luy sera égal, & l'arc HK

sera égal à l'arc HF: car dans le triangle isoscele CMA l'angle externe $KCH = 2CMA = AMF$; & partant les arcs HK, HF mesures de ces angles dans des cercles égaux, seront aussi égaux. D'où il suit que la Caustique AFK est encore une Roulette décrite par la révolution du cercle mobile MFH autour de l'immobile KHG, dont l'origine est en K, & le sommet en A.

On pourroit encore prouver ceci de cette autre maniére. Si l'on décrit une roulette par la révolution d'un cercle égal au cercle AMD autour de celui-ci, en commençant au point A; l'on a démontré dans le Corollaire

Art. 111. second qu'elle aura pour dévelopée la caustique AFK. Or

*Art. 100. *cette dévelopée est une roulette de même espece, c'est-à-dire que les diametres des cercles générateurs en seront égaux; & on déterminera le point K en prenant CK troisiéme proportionnelle à $CD + DA$ & à CD, c'est-à-dire égale à $\frac{1}{3}CD$. Donc, &c.

EXEMPLE IV.

FIG. 104. 122. SOIT la courbe AMD une demi-roulette ordinaire décrite par la révolution du demi-cercle NGM sur la droite BD, dont le sommet est en A, & l'origine en D; soient les rayons incidens KM paralleles à l'axe AB.

* Art. 95. Puisque* MG est égale à la moitié du rayon de le déve-

Art. 113. lopée, il s'ensuit que si l'on mene GF perpendiculaire sur le rayon réfléchi MF, le point F sera à la caustique DFB. D'où l'on voit que MF doit être prise égale à KM.

Si l'on mene du centre H du cercle générateur MGN au point touchant G, & au point décrivant M, les rayons HG, HM; il est clair que HG sera perpendiculaire sur BD, & que l'angle $GMH = MGH = GMK$: d'où l'on voit que le rayon réfléchi MF passe par le centre H. Or le cercle qui a pour diametre GH, passe aussi par le point F; puisque l'angle GFH est droit. Donc les arcs $GN, \frac{1}{2}GF$, mesures du même angle GHN, seront entr'eux comme les diametres

MN, GH de leurs cercles ; & partant l'arc $GF = GN = GB$. Il est donc évident que la Caustique DFB est une Roulette décrite par la révolution entiere du cercle GFH sur la droite BD.

EXEMPLE V.

123. SOIT encore la courbe AMD une demi-roulette ordinaire, dont la base BD est égale à la demi-circonférence ANB du cercle générateur. Et soient à présent les rayons incidens PM paralleles à la base BD. FIG. 105.

Si l'on mene GQ perpendiculaire sur PM, les triangles réctangles GQM, BPN seront égaux & semblables ; & partant $MQ = PN$. D'où l'on voit * qu'il faut prendre MF égale à l'appliquée correspondante PN dans le demi-cercle générateur ANB. *Art. 95. 113.

Afin que le point F soit le plus éloigné qu'il est possible de l'axe AB, il faut que la tangente MF en ce point soit parallele à cet axe. L'angle PMF sera donc alors droit, sa moitié PMG ou PNB demi-droit ; & partant le point P tombera dans le centre du cercle AND.

C'est une chose digne de remarque, que le point P approchant ensuite continuellement de l'extrémité B, le point F approche aussi de l'axe AB jusqu'à un certain point K, aprés quoi il s'en éloigne jusqu'en D ; de sorte que la caustique $AFKFD$ a un point de rebroussement en K.

Pour le déterminer, je remarque * que la portion $AF = PM + MF$, la portion $AFK = HL + LK$, & la portion KF de la partie KFD, est $= HL + LK - PM - MF$: d'où l'on voit que $HL + LK$ doit être un *plus grand* : C'est-pourquoy nommant AH, x ; HI, y ; l'arc AI, u, l'on aura $HL + LK = u + 2y$, dont la différence donne $du + 2dy = 0$, & $\frac{adx}{y} + 2dy = 0$ en mettant pour du sa valeur $\frac{adx}{y}$: d'où l'on tire $adx = -2ydy = 2xdx - 2adx$ à cause du cercle ; & partant $AH\ (x) = \frac{3}{2}a$. * Art. 110. 111.

COROLLAIRE.

124. L'ESPACE *AFM* ou *AFKFM* renfermé par les portions de courbes *AF* ou *AFKF*, *AM*, & par le rayon réfléchi *MF*, eſt égal à la moitié de l'eſpace circulaire *APN*. Car ſa différence, qui eſt le ſécteur *FMO*, eſt égale à la moitié du réctangle *PpSN*, différence de l'eſpace *APN*; puiſque les triangles réctangles *MOm*, *MRm* étant égaux & ſemblables, *MO* ſera égale à *MR* ou *NS* ou *Pp*, & que de plus $MF = PN$.

EXEMPLE VI.

FIG. 106. 125. SOIT la courbe *AMD* une demi-roulette formée par la révolution du cercle *MGN* autour de ſon égal *AGK*, dont l'origine eſt en *A*, & le ſommet en *D*; ſoyent les rayons incidens *AM* qui partent tous du point *A*. La ligne *BH* qui joint les centres des deux cercles générateurs, paſſe continuëllement par le point touchant *G*, & les arcs *GM*, *GA*, comme auſſi leurs cordes, ſont toûjours égaux; ainſi l'angle $HGM = BGA$, & l'angle $GMA = GAM$. Or l'angle $HGM + BGA = GMA + GAM$; puiſqu'ajoûtant de part & d'autre le même angle *AGM*, on en forme deux droits. Donc l'angle *HGM* ſera toûjours égal à l'angle *GMA*; & partant auſſi à l'angle de réfléxion *GMF*: d'où il ſuit que *MF* paſſe toûjours par le centre *H* du cercle mobile.

Maintenant ſi l'on mene les perpendiculaires *CE*, *GO* ſur le rayon incident *AM*: il eſt clair que $MO = OA$, & que
*Art. 100. $OE = \frac{1}{3} OM$; puiſque * le point *C* étant à la dévelopée, $GC = \frac{1}{3} GM$. On aura donc $ME = \frac{2}{3} AM$, c'eſt-à-dire $a = \frac{2}{3} y$; & par-conſéquent $MF \left(\frac{ay}{2y - a}\right) = \frac{1}{2} y$: d'où l'on voit que ſi l'on mene *GF* perpendiculaire ſur *MF*, le point *F* ſera à la cauſtique *AFK*.

Le cercle qui a pour diametre *GH*, paſſe par le point *F*; & les arcs *GM*, $\frac{1}{2}$ *GF*, meſures du même angle *GHM*, étant entr'eux comme les diametres *MN*, *GH* de leurs cercles, l'arc *GF* sera égal à l'arc *GM*, & par-conséquent à l'arc *GA*. D'où il est évident que la Caustique *AFK* est une Roulette décrite par la révolution du cercle mobile *HFG* autour de l'immobile *AGK*.

COROLLAIRE.

126. SI l'on décrit un cercle qui ait pour centre le point *B*, & pour rayon une droite égale à *BH* ou *AK*; & qu'il y ait une infinité de droites paralleles à [illegible] qui tombent sur sa circonférence : il est visible * qu'elles formeront en se réfléchissant la même caustique *AFK*. *Art. 120.

EXEMPLE VII.

127. SOIT la courbe *AMD* une logarithmique spirale, avec les rayons incidens *AM* qui partent tous du centre *A*. FIG. 107.

Si l'on mene par l'extrémité *C* du rayon de la dévelopée la droite *CA* perpendiculaire sur le rayon incident *AM*, elle le rencontrera * dans le centre *A*. C'est- *Art. 91. pourquoy *AM* $(y) =$ [illegible]; & partant *MF* $\left(\frac{ay}{2y-a}\right) = y$. Le triangle *AMF* sera donc isoscele; & comme les angles d'incidence & de réflexion *AMT*, *FMS* sont égaux entr'eux, il s'ensuit que l'angle *AFM* est égal à l'angle *AMT*. D'où il est clair que la caustique *AFK* sera une logarithmique spirale qui ne differera de la proposée *AMD* que par sa position.

PROPOSITION II.

Probleme.

128. LA *caustique* HF *par réflexion étant donnée avec le point lumineux* B; *trouver une infinité de courbes telles que* AM, *dont elle soit caustique par réflexion.* FIG. 108.

Ayant pris à discrétion sur une tangente quelconque *HA* le point *A* pour un des points de la courbe cherchée *AM*;

on décrira du centre B, de l'intervalle BA l'arc de cercle AP, & d'un autre intervalle quelconque BM, un autre arc de cercle. Et ayant pris $AH + HE = BM - BA$ ou PM, on developera la caustique HF en commençant au point E; & l'on décrira dans ce mouvement une ligne courbe EM qui coupera l'arc de cercle décrit du rayon BM, en un point
*Art. 110. M qui sera * à la courbe AM. Car par la construction $PM + MF = AH + HF$.

Ou bien ayant attaché un fil BMF par ses extrémités en B & en F, on fera tendre ce fil par le moyen d'un stile placé en M, que l'on fera mouvoir en sorte que l'on envelopera par la partie MF de ce fil la caustique HF; il est clair que ce stile décrira dans ce mouvement la courbe cherchée MA.

AUTRE SOLUTION.

129. AYANT tiré à discrétion une tangente FM autre que HA, on cherchera sur elle un point M, tel que $BM + MF = BA + AH + HF$. Ce qui se fera en cette sorte.

Soit prise $FK = BA + AH + HF$, & divisant BK par le milieu en G, soit tirée la perpendiculaire GM: elle rencontrera la tangente FM au point cherché M. Car $BM = MK$.

Fig. 109. Si le point B étoit infiniment éloigné de la courbe AM, c'est-à-dire que les rayons incidens BA, BM fussent paralleles à une ligne droite donnée de position; la premiére construction auroit toûjours lieu, en considérant que les arcs de cercle décrits du centre B deviennent des lignes droites perpendiculaires sur les rayons incidens. Mais cette derniere deviendroit inutile; c'est-pourquoy il faudroit luy substituer celle qui suit.

Soit prise $FK = AH + HF$. Ayant trouvé le point M tel que MP parallele à AB perpendiculaire sur AP, soit
*Art. 110. égale à MK; il est clair * que ce point sera à la courbe cherchée AM; puisque $PM + MF = AH + HF$. Or cela se fait ainsi.

Soit menée KG perpendiculaire sur AP; & ayant pris $KO = KG$, soient tirées KP parallele à OG, & PM parallele à GK; je dis que le point M sera celuy qu'on cherche.

Car à cause des triangles semblables *GKO*, *PMK*, l'on aura *PM* = *MK*; puisque *GK* = *KO*.

Si la caustique *HF* se réünissoit en un point; la courbe *AM* deviendroit une section conique.

COROLLAIRE I.

130. IL est clair que la courbe qui passe par tous les points *K*, est formée par le dévelopement de la courbe *HF* en commençant en *A*, & qu'elle change de nature à mesure que le point *A* change de place sur la tangente *AH*. Donc puisque les courbes *AM* naissent toutes de ces courbes par la même construction, qui est geométrique; il s'ensuit * qu'elles sont d'une nature différente entr'elles, & qu'elles ne sont geométriques que lorsque la caustique *HF* est geométrique & réctifiable. * *Art.* 108.

COROLLAIRE II.

131. UNE ligne courbe *DN* étant donnée avec un point lumineux *C*; trouver une infinité de lignes telles que *AM*, en sorte que les rayons réfléchis *DA*, *NM* se réünissent en un point donné *B*, aprés s'être réfléchis de nouveau à la rencontre de ces lignes *AM*. FIG. 110.

Si l'on imagine que la courbe *HF* soit la caustique de la donnée *DN*, formée par le point lumineux *C*; il est clair que cette ligne *HF* doit être aussi la caustique de la courbe *AM* ayant pour point lumineux le point donné *B*: de sorte que *FK* = *BA* + *AH* + *HF*, & *NK* = *BA* + *AH* + *HF* + *FN* = *BA* + *AD* + *DC* — *CN*, puisque * *HD* + *DC* = *HF* + *FN* + *NC*. Ce qui donne cette construction. * *Art.* 110.

Ayant pris à discrétion sur un rayon réfléchi quelconque le point *A* pour un des points de la courbe cherchée *AM*, on prendra sur un autre rayon réfléchi *NM* tel qu'on voudra, la partie *NK* = *BA* + *AD* + *DC* — *CN*; & l'on trouvera le point cherché *M* comme ci-dessus art. 129.

SECTION VII.

Usage du calcul des différences pour trouver les Caustiques par réfraction.

DÉFINITION.

FIG. 111. SI l'on conçoit qu'une infinité de rayons *BA, BM, BI* qui partent d'un même point lumineux *B*, se rompent la rencontre d'une ligne courbe *AMD*, en s'approchant o s'éloignant de ses perpendiculaires *MC*, en sorte que le sinus *CE* des angles d'incidence *CME*, soient toûjours au sinus *CG* des angles de réfraction *CMG*, en même raiso donnée de *m* à *n*; la ligne courbe *FHN* que touchent tou
FIG. 112. les rayons rompus ou leurs prolongemens *AH, MF, DN* est appellée *Caustique par réfraction*.

COROLLAIRE.

132. SI l'on envelope la caustique *HFN* en commençant au point *A*, l'on décrira la courbe *ALK* telle que l tangente *LF* plus la portion *FH* de la caustique sera continüellement égale à la même droite *AH*. Et si l'on conçoit une autre tangente *Fml* infiniment proche de *FML* avec un autre rayon d'incidence *Bm*, & qu'on décrive de centres *F, B*, les petits arcs *MO, MR* : on formera deux petits triangles réctangles *MRm, MOm* qui seront semblable aux deux autres *MEC, MGC*, chacun à chacun; puisque l'on ôte des angles droits *RME, CMm* le même angle *EMm*, les angles restans *RMm, EMC* seront égaux; & de même si l'on ôte des angles droits *GMO, CMm* le même angle *GMm*, les restans *OMm, GMC* seront égaux. C'est pourquoy *Rm. Om :: CE. CG :: m. n*. Or puisque *Rm* est
*Art. 96. la différence de *BM*, & *Om* celle de *LM*; il s'ensuit * que *BM — BA* somme de toutes les différences *Rm* dans la portion de courbe *AM*, est à *ML* ou *AH — MF — FH* somme de toutes les différences *Om* dans la même portion

tion AM, comme m est à n; & partant que la portion $FH = AH - MF + \frac{n}{m} BA - \frac{n}{m} BM$.

Il peut arriver différens cas, selon que le rayon incident BA est plus grand ou moindre que BM, & que le rompu AH envelope ou dévelope la portion HF: mais on prouvera toûjours, comme l'on vient de faire, que la différence des rayons incidens est à la différence des rayons rompus (en joignant à l'un d'eux la portion de la caustique qu'il dévelope avant que de tomber sur l'autre) comme m est à n. Par exemple, $BA - BM$. $AH - MF - FH$ :: $m.n$. d'où l'on tire $FH = AH - MF + \frac{n}{m} BM - \frac{n}{m} BA$. FIG. 112.

Si l'on décrit du centre B l'arc du cercle AP; il est clair que PM sera la différence des rayons incidens BM, BA. Et si l'on suppose que le point lumineux B devienne infiniment éloigné de la courbe AMD, les rayons incidens BA, BM deviendront paralleles, & l'arc AP deviendra une ligne droite perpendiculaire sur ces rayons. FIG. 111.

PROPOSITION I.

Problême général.

133. LA *nature de la courbe* AMD, *le point lumineux* B, *& le rayon incident* BM *étant donnés; trouver sur le rayon rompu* MF *donné de position, le point* F *où il touche la caustique par réfraction.* FIG. 111.

Ayant trouvé * la longueur MC du rayon de la dévelopée au point donné M, & pris l'arc Mm infiniment petit, on tirera les droites Bm, Cm, Fm; on décrira des centres B, F les petits arcs MR, MO; on menera les perpendiculaires CE, Ce, CG, Cg sur les rayons incidens & rompus; & l'on nommera les données BM, y; ME, a; MG, b; & le petit arc MR, dx. Cela posé, * Sect. 5.

Les triangles réctangles semblables MEC & MRm, MGC & MOm, BMR & BQe, donneront $ME (a). MG (b) :: MR (dx). MO = \frac{bdx}{a}$. Et $BM (y)$. BQ ou BE

$(y+a) :: MR (dx). Qe = \frac{adx+ydx}{y}$. Or par la propriété de la réfraction $Ce. Cg :: CE. CG :: m. n.$ Et partant $m. n :: Ce - CE$ ou $Qe \left(\frac{adx+ydx}{y}\right). Cg - CG$ ou $Sg = \frac{andx+nydx}{my}$. Donc à cause des triangles réctangles semblables FMO & FSg, l'on aura $MO - Sg \left(\frac{bmydx - anydx - aandx}{amy}\right). MO \left(\frac{bdx}{a}\right) :: MS$ ou $MG (b). MF = \frac{bbmy}{bmy - any - aan}$. Ce qui donne cette construction.

FIG. 113. Soit fait vers CM l'angle $ECH = GCM$, & soit prise vers $B, MK = \frac{aa}{y}$. Je dis que si l'on fait $HK. HE :: MG. MF.$ le point F sera à la caustique par réfraction.

Car à cause des triangles semblables CGM, CEH, l'on aura $CG.CE :: n.m :: MG (b). EH = \frac{bm}{n}$. D'où l'on tire $HE - ME$ ou $HM = \frac{bm - an}{n}$, $HM - MK$ ou $HK = \frac{bmy - any - aan}{ny}$; & partant $HK \left(\frac{bmy - any - aan}{ny}\right). HE \left(\frac{bm}{n}\right) :: MG (b). MF = \frac{bbmy}{bmy - any - aan}$.

Il est clair que si la valeur de HK est négative, celle de MF le sera aussi : d'où il suit que le point M tombe entre les points G, F, lorsque le point H se trouve entre les points K, E.

FIG. 111. 113. Si le point lumineux B tomboit du côté du point E, ou (ce qui est la même chose) si la courbe AMD étoit concave du côté du point lumineux B; y deviendroit négative de positive qu'elle étoit auparavant, & l'on auroit par-conséquent $MF = \frac{-bbmy}{-bmy + any - aan}$ ou $\frac{bbmy}{bmy - any + aan}$. Et la construction demeureroit la même.

Si l'on suppose que y devienne infinie, c'est-à-dire que le point lumineux B soit infiniment éloigné de la courbe AMD; les rayons incidens seront paralleles entr'eux, & l'on aura $MF = \frac{bbm}{bm - an}$, parce que le terme aan sera nul par rapport aux deux autres bmy, any; & comme MK $(\frac{aa}{y})$ s'évanoüit alors, il n'y aura qu'à faire $HM. HE :: MG. MF$.

COROLLAIRE I.

134. On démontrera, de même que dans les caustiques par réfléxion *, qu'une ligne courbe AMD n'a qu'une seule caustique par réfraction, la raison de m à n étant donnée; laquelle caustique est toûjours geométrique & réctifiable, lorsque la courbe proposée AMD est geométrique. *Art. 114. 115.

COROLLAIRE II.

135. Si le point E tombe de l'autre côté de la perpendiculaire MC par rapport au point G, & que CE soit égale à CG; il est clair que la caustique par réfraction se changera en caustique par réfléxion. En effet on aura MF $(\frac{bbmy}{bmy - any \mp aan}) = \frac{ay}{2y \mp a}$; puisque $m = n$, & que a devient négative de positive qu'elle étoit, & de plus égale à b. Ce qui s'accorde avec ce qu'on a démontré dans la séction précédente.

Si m est infinie par rapport à n; il est clair que le rayon rompu MF tombera sur la perpendiculaire CM: de sorte que la Caustique par réfraction deviendra la Dévelopée. En effet on aura $MF = b$, qui devient en ce cas MC: c'est-à-dire que le point F tombera sur le point C, qui est à la dévelopée.

COROLLAIRE III.

136. Si la courbe AMD est convexe vers le point lumineux B, & que la valeur de MF $(\frac{bbmy}{bmy - any - aan})$ soit positive; il est clair qu'il faudra prendre le point F du même côté du point G, par rapport au point M, comme on l'a supposé en faisant le calcul: & qu'au contraire si elle est négative, il le faudra prendre du côté opposé. Il en est de même lorsque la courbe AMD est concave vers le point B; mais il faut observer qu'on aura pour lors

$MF = \frac{bbmy}{bmy - any + aan}$. D'où il ſuit que les rayons rompus infiniment proches ſont convergens lorſque la valeur de MF eſt poſitive dans le premier cas, & négative dans le ſecond : & qu'au contraire ils ſont divergens lorſqu'elle eſt négative dans le premier cas, & poſitive dans le ſecond. Cela poſé ; il eſt évident,

1°. Que ſi la courbe AMD eſt convexe vers le point lumineux B, & que m ſoit moindre que n ; ou que ſi elle eſt concave vers ce point, & que m ſurpaſſe n : les rayons rompus infiniment proches ſeront toûjours divergens.

2°. Que ſi la courbe AMD eſt convexe vers le point lumineux B, & que m ſurpaſſe n ; ou que ſi elle eſt concave vers ce point, & que m ſoit moindre que n : les rayons rompus infiniment proches ſeront convergens, lorſque MK $(\frac{aa}{y})$ eſt moindre que MH $(\frac{bm}{n} - a$ ou $a - \frac{bm}{n})$; divergens, lorſqu'elle eſt plus grande ; & paralleles, lorſqu'elle eſt égale. Or comme $MK = o$, lorſque les rayons incidens ſont paralleles, il s'enſuit qu'en ce cas les rayons rompus infiniment proches ſeront toûjours convergens.

COROLLAIRE IV.

137. Si le rayon incident BM touche la courbe AMD au point M, l'on aura ME $(a) = o$; & partant $MF = b$. Ce qui fait voir que le point F tombe alors ſur le point G.

Si le rayon incident BM eſt perpendiculaire à la courbe AMD, les droites ME (a) & MG (b) deviendront égales chacune au rayon CM de la dévelopée ; puiſqu'elles ſe confondent avec luy. On aura donc $MF = \frac{bmy}{my - ny \mp bn}$, qui devient $\frac{bm}{m - n}$ lorſque les rayons incidens ſont paralleles entr'eux.

Si le rayon rompu MF touche la courbe AMD au point M, l'on aura MG $(b) = o$. D'où l'on voit que la cauſtique touche alors la courbe donnée au point M.

Si le rayon *CM* de la dévelopée eſt nul ; les droites *ME* (*a*), *MG* (*b*) ſeront auſſi égales à zero ; & par-conſéquent les termes *aan*, *bbmy* ſeront nuls par rapport aux autres *bmy*, *any*. D'où il ſuit que $MF = 0$; & qu'ainſi la cauſtique a le point *M* commun avec la courbe donnée.

Si le rayon *CM* de la dévelopée eſt infini ; les droites *ME* (*a*), *MG* (*b*) ſeront auſſi infinies ; & par-conſéquent les termes *bmy*, *any* ſeront nuls par rapport aux autres *aan*, *bbmy* : de ſorte qu'on aura $MF = \frac{bbmy}{\mp aan}$. Or* comme cette quantité eſt négative lorſque l'on ſuppoſe que le point *F* tombe de l'autre côté du point *B* par rapport à la ligne *AMD*, & qu'au contraire elle eſt poſitive lorſqu'on ſuppoſe qu'il tombe du même côté ; il s'enſuit* que l'on doit prendre le point *F* du même côté du point *B*, c'eſt-à-dire que les rayons rompus infiniment proches ſont divergens. Il eſt évident que le petit arc *Mm* devient alors une ligne droite, & que la conſtruction précédente n'a plus de lieu. On peut luy ſubſtituer celle-ci, qui ſervira à déterminer les points des cauſtiques par réfraction lorſque la ligne *AMD* eſt droite.

*Art. 133. *Art. 136.

Ayant mené *BO* perpendiculaire ſur le rayon incident *BM*, & qui rencontre en *O* la droite *MC* perpendiculaire ſur *AD* ; on tirera *OL* perpendiculaire ſur le rayon rompu *MG* ; & ayant fait l'angle *BOH* égal à l'angle *LOM*, on fera *BM*. *BH* :: *ML*. *MF*. Je dis que le point *F* ſera à la cauſtique par réfraction. FIG. 114.

Car les triangles rectangles *MEC* & *MBO*, *MGC* & *MLO* ſeront toûjours ſemblables de quelque grandeur que l'on ſuppoſe *CM* ; & partant lorſqu'elle devient infinie, l'on aura encore *ME* (*a*). *MG* (*b*) :: *BM* (*y*) $ML = \frac{by}{a}$. Et à cauſe des triangles ſemblables *OLM*, *OBH*, l'on aura auſſi *OL*.*OB* (*n*. *m*) :: *ML* $\frac{by}{a}$. $BH = \frac{bmy}{an}$. D'où l'on voit que *BM* (*y*). *BH* $\left(\frac{bmy}{an}\right)$ :: *ML* $\left(\frac{by}{a}\right)$. *MF* $\left(\frac{bbmy}{aan}\right)$.

COROLLAIRE V.

138. Il est clair que deux quelconques des trois point B, C, F, étant donnés, on peut facilement trouver l troisiéme.

EXEMPLE I.

FIG. 115. 139. Soit la courbe AMD un quart de cercle qui ai pour centre le point C; soient les rayons incidens BA BM, BD paralleles entr'eux, & perpendiculaires sur CD soit enfin la raison de m à n, comme 3 à 2, qui est cell que souffrent les rayons de lumiere en passant de l'air dan le verre. Puisque la dévelopée du cercle AMD se réüni en un point C qui en est le centre, il s'ensuit que si l'o décrit une demi-circonférence MEC qui ait pour diame tre le rayon CM, & qu'on prenne la corde $CG = \frac{2}{3} CE$ la ligne MG sera le rayon rompu, sur lequel on détermi nera le point F, comme l'on a enseigné ci-devant art. 13

Pour trouver le point H où le rayon incident BA perpen diculaire sur AMD touche la caustique par réfraction, l'on au

* Art. 137. ra * $AH \frac{bm}{m-n} = 3b = 3CA$. Et si l'on décrit une demi circonférence CND qui ait pour diametre le rayon CD

* Art. 137. & qu'on prenne la corde $CN = \frac{2}{3} CD$; il est clair * que l point N sera à la caustique par réfraction, puisque le rayo incident BD touche le cercle AMD au point D.

* Art. 132. Si l'on mene AP parallele à CD; il est visible * que l portion $FH = AH - MF - \frac{2}{3} PM$: de sorte que la causti que entiere $HFN = \frac{7}{3} CA - DN = \frac{7 - \sqrt{5}}{3} CA$.

FIG. 116. Si le quart de cercle AMD est concave vers les rayor incidens BM, & que la raison de m à n soit de 2 à 3; o prendra sur la demi-circonférence CEM qui a pour di metre le rayon CM, la corde $CG = \frac{3}{2} CE$, & on tirera l rayon rompu MG sur lequel on déterminera le point par la construction générale art. 133.

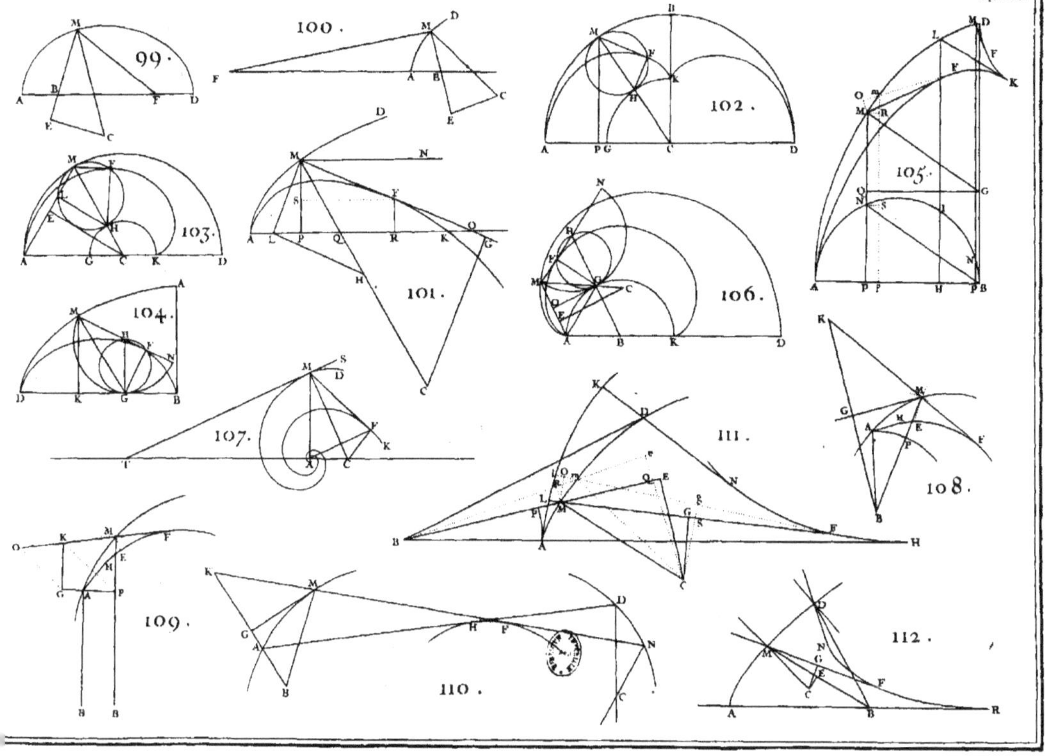
99.
100.
102.
105.
103.
101.
106.
104.
107.
111.
108.
109.
110.
112.

On aura* AH $\left(\frac{bm}{m-n}\right) = -2b$, c'est-à-dire que AH sera du côté * de la convexité du quart de cercle AMD, & double du rayon AC. Et si l'on suppose que CG ou $\frac{2}{3}CE$ soit égale à CM; il est manifeste que le rayon rompu MF touchera le cercle AMD en M, puisqu'alors le point G se confondra avec le point M. D'où il suit que si l'on prend $CE = \frac{3}{2}CD$, le point M tombera au point N où la caustique HFN* touche le quart de cercle AMD. Mais lorsque CE surpasse $\frac{3}{2}CD$, les rayons incidens BM ne pourront plus se rompre, c'est-à-dire passer du verre dans l'air; puisqu'il est impossible que CG perpendiculaire sur le rayon rompu MG, soit plus grande que CM: de sorte que tous les rayons qui tomberont sur la partie ND se réfléchiront. * *Art.* 137. * *Art.* 136. * *Art.* 137.

Si l'on mene AP parallele à CD; il est clair * que la portion $FH = AH - MF + \frac{3}{2}PM$: de sorte que menant NK parallele à CD, la caustique entiere $HFN = 2CA + \frac{3}{2}AK = \frac{7-\sqrt{5}}{2}CA$. * *Art.* 132.

EXEMPLE II.

140. SOIT la courbe AMD une logarithmique spirale qui ait pour centre le point A duquel partent tous les rayons incidens AM. FIG. 117.

Il est clair * que le point E tombe sur le point A, c'est-à-dire que $a = y$. Si donc l'on met à la place de a sa valeur y dans $\frac{bbmy}{bmy - any + aan}$ valeur * de MF lorsque la courbe est concave du côté du point lumineux; on aura $MF = b$: d'où l'on voit que le point F tombe sur le point G. * *Art.* 91. * *Art.* 133.

Si l'on mene la droite AG, & la tangente MT; l'angle AGO complément à deux droits de l'angle AGM, sera égal à l'angle AMT. Car le cercle qui a pour diametre la ligne CM, passant par les points A & G, les angles AGO, AMT ont chacun pour mesure la moitié du même arc AM. Il est donc évident que la caustique AGN est la même logarithmique spirale que la donnée *AMD*, & qu'elle n'en différe que par sa position.

PROPOSITION II.

Problême.

FIG. 118. 141. LA *caustique* HF *par réfraction étant donnée avec son point lumineux* B, *& la raison de* m *à* n; *trouver une infinité de courbes telles que* AM, *dont elle soit caustique par réfraction.*

Ayant pris à discrétion sur une tangente quelconque *HA*, le point *A* pour un des points de la courbe *AM*, on décrira du centre *B* & de l'intervalle *BA* l'arc de cercle *AP*, & d'un autre intervalle quelconque *BM* un autre arc de cercle; & ayant pris $AE = \frac{n}{m} PM$, on décrira en enveloppant la caustique *HF* une ligne courbe *EM*, qui coupera l'arc de cercle décrit de l'intervalle *BM*, en un point *M* qui sera à la courbe cherchée. Car * $PM . AE$ ou $ML :: m . n$.

*Art. 132.

AUTRE SOLUTION.

142. ON cherchera sur une tangente quelconque *FM*, autre que *HA*, le point *M* tel que $HF + FM + \frac{n}{m} BM = HA + \frac{n}{m} BA$. C'est-pourquoy si l'on prend $FK = \frac{n}{m} BA + AH - FH$, & qu'on trouve sur *FK* un point *M* tel que $MK = \frac{n}{m} BM$, il sera* celuy qu'on cherche. Or celà se peut faire en décrivant une ligne courbe *GM* telle que menant d'un de ses points quelconques *M* aux points donnés *B, K*, les droites *MB, MK*, elles ayent toûjours entr'elles un même rapport que *m* à *n*. Il n'est donc question que de trouver la nature de ce lieu.

*Art. 132.

FIG. 119.

Soit pour cet effet menée *MR* perpendiculaire sur *BK*, & nommée la donnée *BK*, *a*; & les indéterminées *BR*, *x*; *BM*, *y*. Les triangles réctangles *BRM, KRM* donneront $BM = \sqrt{xx + yy}$, & $KM = \sqrt{aa - 2ax + xx + yy}$:

de

de sorte que pour remplir la condition du problême, l'on aura $\sqrt{xx+yy}. \sqrt{aa-2ax+xx+yy} :: m.n.$ D'où l'on tire $yy = \frac{2ammx - aamm}{mm - nn} - xx$, qui est un lieu au cercle que l'on construira ainsi.

Soit prise $BG = \frac{am}{m+n}$, & $BQ = \frac{am}{m-n}$, & soit décrit du diametre GQ la demi-circonférence GMQ: je dis qu'elle sera le lieu requis. Car ayant QR ou $BQ - BR = \frac{am}{m-n} - x$, & RG ou $BR - BG = x - \frac{am}{m+n}$; la propriété du cercle, qui donne $QR \times RG = RM^2$, donnera en termes analytiques $yy = \frac{2ammx - aamm}{mm - nn} - xx$.

Si les rayons incidens *BA*, *BM* sont paralleles à une droite donnée de position, la premiere solution aura toûjours lieu; mais celle-ci deviendra inutile, & on pourra luy substituer la suivante. FIG. 120.

Soit prise $FL = AH - HF$; & ayant mené *LG* parallele à *AB* & perpendiculaire sur *AP*, on prendra $LO = \frac{n}{m} LG$, & on tirera *LP* parallele à *GO*; & *PM* parallele à *GL*. Il est clair * que le point *M* sera celuy qu'on cherche; car puisque $LO = \frac{n}{m} LG$, $ML = \frac{n}{m} PM$. * Art. 132.

Si la caustique *FH* par réfraction, se réünit en un point; les courbes *AM* deviennent les Ovales de *Descartes*, qui ont fait tant de bruit parmi les Geometres.

COROLLAIRE I.

143. ON démontre de même que dans les caustiques par réfléxion *, que les courbes *AM* sont de nature différente entr'elles, & qu'elles ne sont geométriques que lorsque la caustique *HF* par réfraction est geométrique & réctifiable. * Art. 130.

COROLLAIRE II.

144. UNE ligne courbe *AM* étant donnée avec le point lumineux *B*, & la raison de *m* à *n*; trouver une infi- FIG. 121.

nité de lignes telles que *DN*, en ſorte que les rayons rompus *MN* ſe rompent de nouveau à la rencontre de ces lignes *DN* pour ſe réünir en un point donné *C*.

Si l'on imagine que la ligne courbe *HF* ſoit la cauſtique par réfraction de la courbe donnée *AM*, formée par le point lumineux *B*; il eſt clair que cette même ligne *HF* doit être auſſi la cauſtique par réfraction de la courbe cherchée *DN*, ayant pour point lumineux le point donné *C*. C'eſt-

*Art. 132. pourquoy * $\frac{n}{m}BA + AH = \frac{n}{m}BM + MF + FH$, & $NF + FH - \frac{n}{m}NC = HD - \frac{n}{m}DC$; & partant $\frac{n}{m}BA + AH = \frac{n}{m}BM + MN + HD - \frac{n}{m}DC + \frac{n}{m}NC$; & tranſpoſant à l'ordinaire, $\frac{n}{m}BA - \frac{n}{m}BM + \frac{n}{m}DC + AD = MN + \frac{n}{m}NC$. Ce qui donne cette conſtruction.

Ayant pris à diſcrétion ſur un rayon rompu quelconque *AH* le point *D* pour un de ceux de la courbe cherchée *DN*, on prendra ſur un autre rayon rompu quelconque *MF* la partie $MK = \frac{n}{m}BA - \frac{n}{m}BM + \frac{n}{m}DC + AD$;

* Art. 142. & ayant trouvé, comme ci-deſſus *, le point *N* tel que

*Art. 132. $NK = \frac{n}{m}NC$, il eſt clair * qu'il ſera à la courbe *DN*.

COROLLAIRE GÉNÉRAL

Pour les trois ſections précédentes.

*Art. 80. 85. 107. 108. 114. 115. 128. 129. 134. 143.

145. Il eſt manifeſte * qu'une ligne courbe n'a qu'une ſeule dévelopée, qu'une ſeule cauſtique par réfléxion, & qu'une ſeule par réfraction, le point lumineux & le raport des ſinus étant donnés, leſquelles lignes ſont toûjours geométriques & réctifiables lorſque cette courbe eſt geométrique. Au lieu qu'une même ligne courbe peut être la dévelopée, & l'une & l'autre cauſtique dans le même raport des ſinus, & dans la même poſition du point lumineux, commune à infinité de lignes tres-différentes entr'elles, & qui ne ſont geométriques que lorſque cette courbe eſt geométrique & réctifiable.

SECTION VIII.

Usage du calcul des différences pour trouver les points des lignes courbes qui touchent une infinité de lignes données de position, droites ou courbes.

PROPOSITION I.

Problême.

146. SOIT *donnée une ligne quelconque* AMB, *qui ait pour axe la droite* AP; *soient de plus entenduës une infinité de paraboles* AMC, AmC, *qui passent toutes par le point* A, *& qui ayent pour axes les appliquées* PM, pm. *Il faut trouver la ligne courbe qui touche toutes ces paraboles.* FIG. 112.

Il est clair que le point touchant de chaque parabole *AMC* est le point d'interséction *C* où la parabole *AmC*, qui en est infiniment proche, la coupe. Cela posé, & ayant mené *CK* parallele à *MP*, soient nommées les données *AP*, x; *PM*, y; & les inconnuës *AK*, u; *KC*, z. On aura par la propriété de la parabole, $\overline{AP}^2$ (xx). $\overline{PK}^2$ $(uu - 2ux + xx)$ :: *MP* (y). *MP* — *CK* $(y - z)$. Ce qui donne $zxx = 2uxy - uuy$, qui est l'équation commune à toutes les paraboles telles que *AMC*. Or je remarque que les inconnuës *AK* (u) & *KC* (z) demeurent les mêmes, pendant que les données *AP* (x) & *PM* (y) varient en devenant *Ap* & *pm*; & qu'il n'arrive que *KC* (z) demeure la même, que lorsque le point *C* est celuy d'interséction: car il est visible que par tout ailleurs la droite *KC* coupera les deux paraboles *AMC*, *AmC* en deux differens points, & qu'elle aura par-conséquent deux valeurs qui répondront à la même de *AK*. C'est-pourquoy si l'on traitte u & z comme constantes, en prenant la difference de l'équation que l'on vient de trouver, on déterminera le point *C* à être celuy d'interséction. On aura donc $2zxdx = 2uxdy + 2uydx - uudy$: d'où l'on tire l'inconnuë

$AK\ (u) = \frac{2xxdy - 2yxdx}{xdy - 2ydx}$ en mettant pour z ſa valeur $\frac{2uxy - uuy}{xx}$; & la nature de la courbe AMB étant donnée, on trouvera une valeur de dy en dx, laquelle étant ſubſtituée dans la valeur de AK, cette inconnuë ſera enfin exprimée en termes entiérement connus & délivrés des differences. Ce qui étoit propoſé.

Si au lieu des paraboles AMC, on propoſoit d'autres lignes droites ou courbes dont la poſition fût déterminée, on réſoudroit toûjours le Problême à peu prés de la même maniére : & c'eſt ce que l'on verra dans les Propoſitions ſuivantes.

EXEMPLE.

147. QUE l'équation $xx = 4ay - 4yy$ exprime la nature de la courbe AMB : elle ſera une demi-ellipſe qui aura pour petit axe, la droite $AB = a$ perpendiculaire ſur AP, & dont le grand axe ſera double du petit.

On trouve $xdx = 2ady - 4ydy$; & partant AK $\left(\frac{2xxdy - 2xydx}{xdy - 2ydx}\right) = \frac{ax}{y} = u$. D'où il ſuit que ſi l'on prend AK quatriéme proportionnelle à MP, PA, AB, & qu'on mene KC perpendiculaire ſur AK ; elle ira couper la parabole AMC au point cherché C.

Pour avoir la nature de la courbe qui touche toutes les paraboles, ou qui paſſe par tous les points C ainſi trouvés, on cherchera l'équation qui exprime la relation de $AK\ (u)$ à $KC\ (z)$ en cette ſorte. Mettant à la place de u ſa valeur $\frac{ax}{y}$ dans $zxx = 2uxy - uuy$, l'on en tire $y = \frac{aa}{2a - z}$; & partant x ou $\frac{uy}{a} = \frac{au}{2a - z}$. Si donc l'on met ces valeurs à la place de x & y dans $xx = 4ay - 4yy$, on formera l'équation $uu = 4aa - 4az$ où x & y ne ſe rencontrent plus, & qui exprime la relation de AK à KC. D'où l'on voit que la courbe cherchée eſt une parabole qui a pour axe la ligne BA, pour ſommet le point B, pour foyer le point A, & dont le parametre par-conſéquent eſt quadruple de AB.

On vient de trouver $y = \frac{aa}{2a - z}$, d'où l'on tire $KC (z) = \frac{2ay - aa}{y}$. Or comme cette valeur eſt poſitive lorſque $2y$ ſurpaſſe a, négative lorſqu'il eſt moindre, & nulle lorſqu'il luy eſt égal : il s'enſuit que le point touchant C tombe au deſſus de AP dans le premier cas, comme l'on avoit ſuppoſé en faiſant le calcul ; au deſſous dans le ſecond, & enfin ſur AP dans le troiſiéme.

Si l'on mene la droite AC qui coupe MP en G ; je dis que $MG = BQ$, & que le point G eſt le foyer de la parabole AMC. Car 1°. $AK (\frac{ax}{y}) . KC (\frac{2ay - aa}{y}) :: AP (x) . PG = 2y - a$. & partant $MG = a - y = BQ$. 2°. Le parametre de la parabole AMC, eſt $= 4a - 4y$ en mettant pour xx ſa valeur $4ay - 4yy$; & partant $MG (a - y)$ eſt la quatriéme partie du parametre : d'où l'on voit que le point G eſt le foyer de la parabole ; & qu'ainſi l'angle BAC doit être diviſé en deux également par la tangente en A.

Il ſuit de ce que le parametre de la parabole AMC eſt quadruple de BQ, que le ſommet M tombant en A, le parametre ſera quadruple de AB ; & qu'ainſi la parabole, qui a pour ſommet le point A, eſt aſymptotique de celle qui paſſe par tous les points C.

Comme la parabole BC touche toutes les paraboles telles que AMC ; il eſt clair que toutes ces paraboles couperont la ligne déterminée AC en des points qui ſeront plus proches du point A que le point C. Or l'on démontre dans la Baliſtique (en ſuppoſant que AK ſoit horizontale) que toutes les paraboles telles que AMC marquent le chemin que décrivent en l'air les Bombes qui ſeroient jettées par un Mortier placé en A dans toutes les élevations poſſibles avec la même force. D'où il ſuit que ſi l'on mene une droite qui diviſe par le milieu l'angle BAC ; elle marquera la poſition que doit avoir le mortier, afin que la bombe qu'il jette, tombe ſur le plan AC donné de poſition, en un point C plus éloigné du mortier, qu'en toute autre élévation.

PROPOSITION II.

Problême.

FIG. 123. 148. SOIT *donnée une courbe quelconque* AM, *qui ait pour axe la droite* AP; *trouver une autre courbe* BC *telle qu'ayant mené à discrétion l'appliquée* PM, *& la perpendiculaire* PC *à cette courbe, ces deux lignes* PM, PC *soient toûjours égales entr'elles.*

Si l'on conçoit une infinité de cercles décrits des centres *P*, *p*, & des rayons *PC*, *pC* égaux à *PM*, *pm*; il est clair que la courbe cherchée *BC* doit toucher tous ces cercles, & que le point touchant *C* de chaque cercle est le point d'intersection où le cercle qui en est infiniment proche, le coupe. Cela posé, soit menée *CK* perpendiculaire sur *AP*; soient nommées les données & variables *AP*, *x*; *PM* ou *PC*, *y*; les inconnuës & constantes *AK*, *u*; *KC*, *z*; & l'on aura par la propriété du cercle $\overline{PC}^2 = \overline{PK}^2 + \overline{KC}^2$, c'est-à-dire en termes analytiques $yy = xx - 2ux + uu + zz$, qui est l'équation commune à tous ces cercles, dont la différence est $2ydy = 2xdx - 2udx$: d'où l'on tire PK ($x - u$) $= \frac{ydy}{dx}$; ce qui donne cette construction générale.

Soit menée *MQ* perpendiculaire à la courbe *AM*; & ayant pris *PK* = *PQ*, soit tirée *KC* parallele à *PM*: je dis qu'elle rencontrera le cercle décrit du centre *P* & du rayon *PC* = *PM* au point *C* où il touche la courbe cherchée *BC*. Ce qui est évident; puisque $PQ = \frac{ydy}{dx}$.

On peut encore trouver la valeur de *PK* de cette autre maniére.

Ayant mené *PO* perpendiculaire sur *Cp*, les triangles réctangles *pOP*, *PKC* seront semblables; & partant *Pp* (*dx*). *Op* (*dy*) :: *PC*. (*y*). $PK = \frac{ydy}{dx}$.

Lorsque *PQ* = *PM*, il est clair que le cercle décrit du rayon *PC*, touchera *KC* au point *K*: de sorte que le point touchant C se confondra avec le point K, & tombera par-conséquent sur l'axe.

Mais lorsque PQ surpassera PM, le cercle décrit du rayon PC ne pourra toucher la courbe BC; puisqu'il ne pourra rencontrer la droite KC en aucun point.

EXEMPLE.

149. SOIT la courbe donnée AM, une parabole qui ait pour équation $ax = yy$. On aura PQ ou PK $(x - u)$ $= \frac{1}{2}a$; & par-conséquent $x = \frac{1}{2}a + u$, & $yy = \frac{1}{4}aa + zz$ à cause du triangle réctangle PKC. Or si l'on met ces valeurs dans $ax = yy$, on formera l'équation $\frac{1}{2}aa + au = \frac{1}{4}aa + zz$ ou $\frac{1}{4}aa + au = zz$, qui exprime la nature de la courbe BC. D'où il est clair que cette courbe est la même parabole que AM; puisqu'elles ont l'une & l'autre le même parametre a, & que son sommet B est éloigné du sommet A de la distance $BA = \frac{1}{4}a$. FIG. 123.

PROPOSITION III.

Problême.

150. SOIT *donnée une ligne courbe quelconque* AM, *qui ait pour diametre la droite* AP, *& dont les appliquées* PM, pm *soient paralleles à la droite* AQ *donnée de position; & ayant mené* MQ, mq *paralleles à* AP, *soient tirées les droites* PQC, pqC. *On demande la courbe* AC *qui a pour tangentes toutes ces droites : ou ce qui est la même chose, il s'agit de déterminer sur chaque droite* PQC *le point touchant* C. FIG. 124.

Ayant imaginé une autre tangente pqC infiniment proche de PQC, & mené CK parallele à AQ, on nommera les données & variables AP, x; PM ou AQ, y; les inconnuës & constantes AK, u; KC, z; & les triangles semblables PAQ, PKC donneront AP (x). AQ (y) :: PK $(x + u)$. KC $(z) = y + \frac{uy}{x}$. qui est l'équation commune à toutes les droites telles que PC. Sa différence est $dy + \frac{uxdy - uydx}{xx} = 0$, d'où l'on tire $AK (u) = \frac{xxdy}{ydx - xdy}$. Ce qui donne cette construction générale.

Soit menée la tangente MT, & soit prise AK troisiéme proportionnelle à AT, AP : je dis que si l'on mene KC parallele à AQ, elle ira couper la droite PQC au point cherché C.

Car $AT \left(\frac{ydx - xdy}{dy}\right) . AP(x) :: AP(x) :: AK = \frac{xxdy}{ydx - xdy}$.

EXEMPLE I.

FIG. 124. 151. SOIT la courbe donnée AM, une parabole qui ait pour équation $ax = yy$. On aura $AT = AP$; d'où il suit que $AK(u) = x$, c'est-à-dire que le point K tombe sur le point T. Si l'on veut à présent avoir une équation qui exprime la relation de $AK(u)$ à $KC(z)$; on trouvera $KC(z) = 2y$, puisque l'on vient de trouver que PK est double de AP. Mettant donc à la place de x & y leurs valeurs u & $\frac{1}{2}z$ dans $ax = yy$, on aura $4au = zz$: d'où l'on voit que la courbe AC est une parabole qui a pour sommet le point A, & pour parametre une ligne quadruple du parametre de la parabole AM.

EXEMPLE II.

FIG. 125. 152. SOIT la courbe donnée AM, un quart de cercle BMD qui ait pour centre le point A, & pour rayon la ligne AB ou AD, que j'appelle a. Il est clair que PQ est toûjours égale au rayon AM ou AB, c'est-à-dire qu'elle est par tout la même : de sorte que l'on peut concevoir que ses extrémités P, Q glissent le long des côtés BA, AD de l'angle droit BAD. On aura $AK(u) = \frac{x^3}{aa}$, puisque $AT = \frac{aa}{x}$; & les paralleles KC, AQ donneront $AP(x) . PQ(a) :: AK\left(\frac{x^3}{aa}\right) . QC = \frac{xx}{a}$. D'où l'on voit que pour avoir le point touchant C, il n'y a qu'à prendre QC troisiéme propor-

proportionnelle à PQ & AP. Si l'on cherche l'équation qui exprime la nature de la courbe BCD, on trouvera celle-ci,

$$\begin{array}{llll} u^6 - 3aau^4 & + \quad 3a^4uu & - \quad a^6 & = 0. \\ & + 3zz & + 21aazz & + 3a^4zz \\ & & + \quad 3z^4 & - 3aaz^4 \\ & & & + \quad z^6 \end{array}$$

COROLLAIRE I.

153. Si l'on veut chercher le rapport de la portion DC de la courbe BCD à sa tangente CP, l'on imaginera une autre tangente cp infiniment proche de CP; & ayant décrit du centre C le petit arc PO, l'on aura $cp - CP$ ou $Op - Cc = -\frac{2xdx}{a}$, pour la différence de $CP = \frac{aa-xx}{a}$: d'où l'on tire $Cc = Op + \frac{2xdx}{a}$. Or à cause des triangles réctangles semblables QPA, PpO, l'on aura $PQ\ (a).\ AP\ (x) :: Pp\ (dx).\ Op = \frac{xdx}{a}$. & partant $Cc = \frac{3xdx}{a} = DC - Dc$. Il est donc manifeste qu'en quelque endroit que l'on prenne le point C, l'on aura toûjours $DC - Dc\ (\frac{3xdx}{a}).\ CP - cp\ (\frac{2xdx}{a}) :: 3.2.$ D'où il suit que la somme de toutes les différences $DC - Dc$ qui répondent à la droite PD, c'est-à-dire * la portion DC de la courbe BCD, est à la somme de toutes les différences $CP - cp$ qui répondent à la même droite PD, c'est-à-dire* à la tangente $CP :: 3.2.$ Et de même que la courbe entiere BCD est à sa tangente $BA :: 3.2.$

*Art. 96.

*Art. 96.

COROLLAIRE II.

154. Si l'on dévelope la courbe BCD en commençant par le point D, on formera la ligne courbe DNF telle que $CN.\ CP :: 3.2.$ puisque CN est toûjours égale à la portion DC de la courbe BCD. D'où il suit que les secteurs semblables CNn, CPO sont entr'eux $:: 9.4.$ & partant que l'espace DCN renfermé par les courbes DC, DN, & par la droite CN qui est tangente en C & perpendiculaire en

N, eſt à l'eſpace *DCP* renfermé par la courbe *DC*, & par les deux tangentes *DP*, *CP*, comme *9*. à *4*.

COROLLAIRE III.

155. Le centre de peſanteur du ſécteur *CNn* doit être ſitué ſur l'arc *PO*; puiſque $CP = \frac{2}{3}CN$. Et comme cet arc eſt infiniment petit, il s'enſuit que ce centre doit être ſur la droite *AD*; & partant que le centre de peſanteur des eſ-eſpaces *DCN*, *BDF*, qui ſont compoſés de tous ces ſécteurs, doit être ſur cette droite *AD*: de ſorte que ſi l'on décrivoit de l'autre côté de *BF* une figure toute pareille à *BDF*, le centre de peſanteur de la figure entiére ſeroit au point *A*.

COROLLAIRE IV.

156. A cauſe des triangles réctangles ſemblables *PQA*, *pPO*, l'on aura $PQ\ (a) . AQ$ ou $PM\ (\sqrt{aa - xx}) :: Pp\ (dx) . PO = \frac{dx\sqrt{aa - xx}}{a}$. Et à cauſe des ſécteurs ſemblables *CPO*, *CNn*, l'on aura auſſi *CP*. *CN*, ou $2.3 :: PO\ (\frac{dx\sqrt{aa - xx}}{a}) . Nn$

* *Art.* 2. $= \frac{3dx\sqrt{aa - xx}}{2a}$. Or le réctangle $MP \times Pp$, c'eſt-à-dire* le petit eſpace circulaire $MPpm = dx\sqrt{aa - xx}$. On aura donc $AB \times Nn = \frac{3}{2}MPpm$: d'où il ſuit que la portion *ND* de la courbe *DNF* étant multipliée par le rayon *AB*, eſt ſeſquialtére du ſegment circulaire *DMP*, & que la courbe entiére *DNF* eſt égale aux trois quarts de *BMD* quatriéme partie de la circonférence du cercle.

PROPOSITION IV.

Problême.

FIG. 126. 157. Soit *donnée une courbe quelconque* AM, *qui ait pour axe la droite* AP; *& ſoient entenduës une infinité de perpendiculaires* MC, mC *à cette courbe. On demande la courbe*

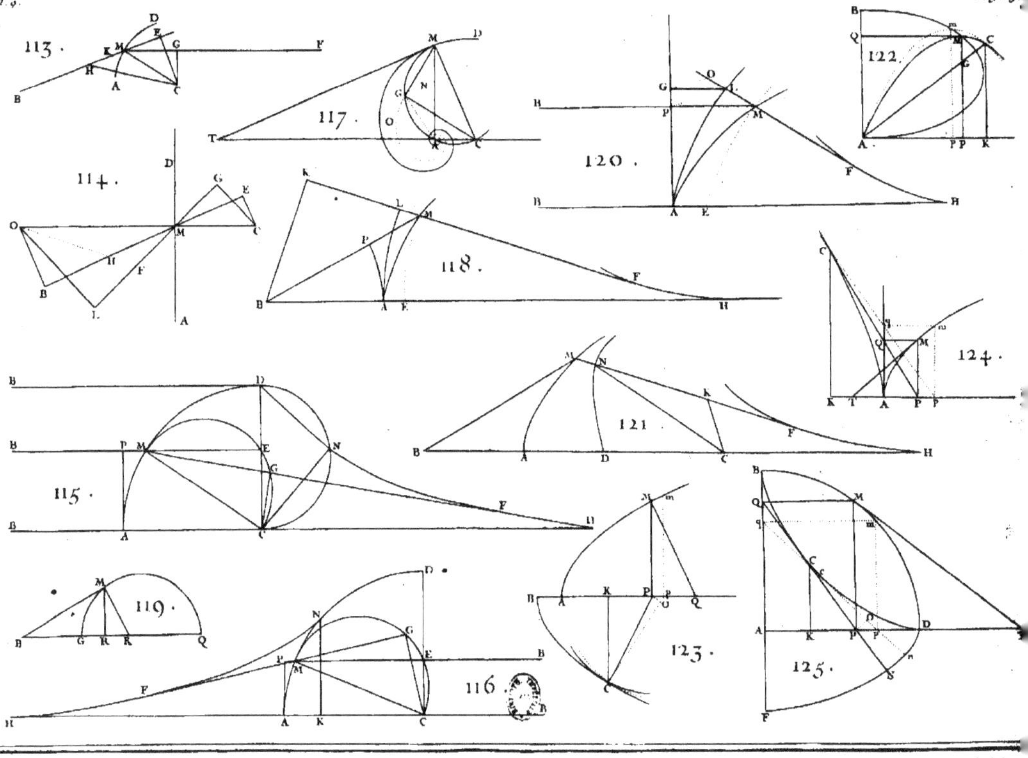
113.
114.
115.
116.
117.
118.
119.
120.
121.
122.
123.
124.
125.

qui a pour tangentes toutes ces perpendiculaires : ou ce qui est la même chose, il faut trouver sur chaque perpendiculaire MC *le point touchant* C.

Ayant imaginé une autre perpendiculaire mC infiniment proche de MC, avec une appliquée MP, l'on menera par le point d'interséction C les droites CK perpendiculaire & CE parallele à l'axe : ayant ensuite nommé les données & variables AP, x ; PM, y ; les inconnuës & constantes AK, u ; KC, z ; l'on aura $PQ = \frac{ydy}{dx}$, PK ou $CE = u - x$, $ME = y + z$; & les triangles réctangles semblables MPQ, MEC donneront $MP (y) . PQ (\frac{ydy}{dx}) :: ME (y+z) . EC (u-x) = \frac{ydy + zdy}{dx}$. qui est une équation commune à toutes les perpendiculaires telles que MC, & dont la différence (en supposant dx constante) donne $- dx = \frac{yddy + dy^2 + zddy}{dx}$: d'où l'on tire $ME (z+y) = \frac{dx^2 + dy^2}{- ddy}$. Or la nature de la courbe AM étant donnée, l'on aura des valeurs de dy^2 & ddy en dx^2, lesquelles étant substituées dans $\frac{dx^2 + dy^2}{- ddy}$, donneront pour ME une valeur entiérement connuë & délivrée des différences. Ce qui étoit proposé.

Il est évident que la courbe qui passe par tous les points C, est la Dévelopée de la courbe AM ; & comme l'on en a traitté exprés dans la Séction cinquiéme, il seroit inutile d'en donner ici des éxemples nouveaux.

PROPOSITION V.

Problême.

158. DEUX *lignes quelconques* AM, BN *étant données avec une ligne droite* MN *qui demeure toûjours la même ; on suppose que les extrémités* M, N *de cette ligne glissent continuëllement le long des deux autres, & l'on demande la courbe qu'elle touche toûjours dans ce mouvement.* FIG. 127.

Ayant mené les tangentes MT, NT, & imaginé une autre droite mn infiniment proche de MN, & qui la coupe par-conſéquent au point C où elle touche la courbe dont il s'agit de déterminer les points. Il eſt clair que la droite MN, pour parvenir en mn, a parcouru par ſes extrémités les petites portions Mm, Nn des lignes AM, BN, leſquelles ſont communes à cauſe de leur infinie petiteſſe, aux tangentes TM, TN: de ſorte que l'on peut concevoir que la ligne MN pour parvenir dans la ſituation infiniment proche mn, ait gliſſé le long des droites TM, TN données de poſition.

Cela bien entendu, ſoient menées ſur NT les perpendiculaires MP, CK; ſoient nommées les données & variables TP, x; PM, y; les inconnuës & conſtantes TK, u; KC, z; & la donnée MN qui demeure par toute la même, a. Le triangle réctangle MPN donnera $PN = \sqrt{aa - yy}$; & à cauſe des triangles ſemblables NPM, NKC, l'on aura NP $(\sqrt{aa-yy})$. PM (y) :: NK $(u - x - \sqrt{aa-yy})$. KC $(z) = \frac{uy - xy}{\sqrt{aa-yy}} - y$. dont la différence donne $aaudy - aaxdy - aaydx + y^3dx = \overline{aady - yydy}\sqrt{aa-yy}$: d'où en faiſant $\sqrt{aa-yy} = m$ pour abréger, l'on tire PK $(u - x)$ $= \frac{m^3dy + mmydx}{aady} = \frac{m^3 + mmx}{aa}$ en mettant pour ydx ſa valeur xdy, à cauſe des triangles ſemblables mRM, MPT; & partant $MC = \frac{mm + mx}{a}$: ce qui donne cette conſtruction.

Soit menée TE perpendiculaire ſur MN, & ſoit priſe $MC = NE$: je dis que le point C ſera celuy qu'on cherche. Car à cauſe des triangles réctangles ſemblables MNP, TNE, l'on aura MN (a). NP (m) :: NT $(m+x)$. NE ou MC $= \frac{mm + mx}{a}$.

Autre maniére. Ayant mené TE perpendiculaire ſur MN, & décrit du centre C les petits arcs MS, NO, on nommera les données NE, r; ET, s; MN, a; & l'inconnuë CM, t. On aura Sm ou $On = dt$; & les triangles réctangles ſem-

[sem]blables *MET* & *mSM*, *NET* & *nON*, *CMS* & *CNO* donneront *ME* $(r-a)$. *ET* (s) :: *mS* (dt). $SM = \frac{sdt}{r-a}$. Et *NE* (r). *ET* (s) :: *nO* (dt). $ON = \frac{sdt}{r}$. Et $MS - NO$ $(\frac{asdt}{rr-ar})$. *MS* $(\frac{sdt}{r-a})$ :: *MN* (a). *MC* $(t) = r$. Ce qui donne la même construction que ci-dessus.

Si l'on suppose que les lignes *AM*, *BN* soient des droites qui fassent entr'elles un angle droit ; il est visible que la courbe cherchée est la même que celle de l'article 152.

PROPOSITION VI.

Problême.

159. SOIENT *données trois lignes quelconques* L, M, N ; *& soient entenduës de chacun des points* L, l *de la ligne* L *deux tangentes* LM *&* LN, lm *&* ln, *aux deux courbes* M *&* N, *une à chacune. On demande la quatriéme courbe* C, *qui ait pour tangentes toutes les droites* MN, mn *qui joignent les points touchans des courbes* M, N. FIG. 128.

Ayant tiré la tangente *LE*, & mené par un de ses points quelconques *E* les perpendiculaires *EF*, *EG* sur les deux autres tangentes *ML*, *NL*, on concevra que le point *l* soit infiniment prés du point *L* ; on tirera les petites droites *LH*, *LK* perpendiculaires sur *ml*, *nl* ; comme aussi les perpendiculaires *MP*, *mP*, *NQ*, *nQ* sur les tangentes *ML*, *ml*, *NL*, *nl*, lesquelles perpendiculaires s'entrecoupent aux points *P* & *Q*. Tout cela formera les triangles réctangles semblables *EFL* & *LHl*, *EGL* & *LKl* ; comme aussi les triangles *LMH* & *MPm*, *LnK* & *NQn* réctangles en *H* & *m*, *K* & *N*, qui seront semblables entr'eux, puisque les angles *LMH*, *MPm* étant joints l'un ou l'autre au même angle *PMm*, font un droit. On prouvera de même, que les angles *LnK*, *NQn* sont égaux entr'eux.

Cela posé, on nommera le petit côté *Mm* du polygone qui compose la courbe *M*, *du* ; & les données *EF*, *m* ; *EG*, *n* ; *MN* ou *mn*, *a* ; *ML* ou *ml*, *b* ; *NL* ou *nl*, *c* ; *MP* ou

mP, f; NQ ou nQ, g (je prens ici les droites MP, NQ pour données, parce que la nature des courbes M, N étant donnée par la supposition, on les pourra toûjours trouver*); & l'on aura, 1°. $MP (f). ML (b) :: Mm (du). LH = \frac{bdu}{f}$. 2°. $EF (m). EG (n) :: LH (\frac{bdu}{f}). LK = \frac{bndu}{mf}$. 3°. LN ou $Ln (c). nQ (g) :: LK (\frac{bndu}{mf}). nN = \frac{bgndu}{cfm}$. 4°. (menant MR parallele à NL ou nl) $ml (b). ln (c) :: mM (du). MR = \frac{cdu}{b}$. 5°. $MR + Nn (\frac{cdu}{b} + \frac{bgndu}{cfm})$. $MR (\frac{cdu}{b}) :: MN (a). MC = \frac{accfm}{ccfm + bbgn}$. Ce qu'il falloit trouver.

*Art. 78.

Si la tangente EL tomboit sur la tangente ML, il est clair que $EF (m)$ deviendroit nulle ou zero; & partant que le point cherché C tomberoit sur le point M. De même si la tangente EL se confondoit avec la tangente LN; alors $EG (n)$ deviendroit nulle, & l'on auroit parconséquent $MC = a$: d'où l'on voit que le point cherché C tomberoit aussi sur le point N. Et enfin si la tangente EL tomboit dans l'angle GLI; en ce cas $EG (n)$ deviendroit négative: ce qui donneroit alors $MC = \frac{accfm}{ccfm - bbgn}$; & le point cherché C ne tomberoit plus entre les points M & N, mais de part ou d'autre.

EXEMPLE I.

FIG. 129. 160. SUPPOSONS que les courbes M & N ne fassent qu'un cercle. Il est clair en ce cas que $b = c$, & $f = g$; ce qui donne $MC = \frac{am}{m + n}$, d'où l'on voit qu'il ne faut alors que couper la droite MN en raison donnée de m à n, pour avoir le point cherché C; c'est-à-dire en sorte que $MC . NC :: m . n$.

EXEMPLE II.

161. SUPPOSONS que les courbes M & N soient une

Section conique quelconque. La construction générale se peut changer en cette autre qui est beaucoup plus simple, si l'on fait attention à une proprieté des Sections coniques, que l'on trouve démontrée dans les livres qui en traittent : sçavoir que si l'on mene de chacun des points *L*, *l* d'une ligne droite *EL* deux tangentes *LM* & *LN*, *lm* & *ln* à une Section conique ; toutes les droites *MN*, *mn* qui joignent les points touchans, se couperont dans le même point *C*, par lequel passe le diametre *AC*, dont les ordonnées sont paralleles à la droite *EL*. Car il suit de là, que pour avoir le point *C*, il ne faut que mener un diametre qui ait ses ordonnées paralleles à la tangente *EL*.

Il est évident que dans le cercle, le diametre doit être perpendiculaire sur la tangente *EL* ; c'est-à-dire qu'en menant de son centre *A* une perpendiculaire *AB* sur cette tangente, elle coupera la droite *MN* au point cherché *C*.

REMARQUE.

162. ON peut par le moyen de ce Problême résoudre celui-ci qui dépend de la Méthode des Tangentes. FIG. 128.

Les trois courbes *C*, *M*, *N* étant données, on fera rouler une ligne droite *MN* autour de la courbe *C*, en sorte qu'elle la touche continuëllement ; on tirera par les points *M*, *N*, où elle coupe les courbes *M* & *N*, les tangentes *ML*, *NL* qui s'entrecoupent en un point *L*, lequel décrit dans ce mouvement une quatriéme courbe *Ll*. Il s'agit de tirer la tangente *LE* de cette courbe, la position des droites *MN*, *ML*, *NL* étant donnée avec le point touchant *C*.

Car il est visible que ce problême n'est que l'inverse du précédent, & qu'ici *MC* est donnée : ce qu'on cherche, c'est la raison de *EF*, *EG*, qui détermine la position de la tangente *EL*. C'est-pourquoy si l'on nomme la donnée *MC*, *h* ; l'on aura $\frac{accfm}{ccfm + bbgn} = h$: d'où l'on tire $m = \frac{bbghn}{accf - ccfh}$; & par-conséquent la tangente *LE* doit être tellement située dans l'angle donné *MLG*, que si l'on mene d'un de ſes points quelconques *E* les perpendiculaires *EF*, *EG* ſur les côtés de cet angle, elles ſoient toûjours entr'elles en raiſon donnée de $bbgh$ à $accf - ccfh$. Or cela ſe fait en menant *MD* parallele à *NL*, & égale à $\frac{b^3gh}{accf - ccfh}$.

FIG. 129. *Art. 161.

Il eſt évident* que ſi les deux courbes *M* & *N* ne font qu'une Section conique, il ne faudra que tirer la tangente *LE* parallele aux ordonnées du diametre qui paſſe par le point *C*.

SECTION

SECTION IX.

Solution de quelques Problêmes qui dépendent des Méthodes précédentes.

PROPOSITION I.

Problême.

163. SOIT *une ligne courbe* AMD (AP = x, PM = y, AB = a) *telle que la valeur de l'appliquée* y *soit exprimée par une fraction, dont le numérateur & le dénominateur deviennent chacun zero lorsque* x = a, *c'est-à-dire lorsque le point* P *tombe sur le point donné* B. *On demande quelle doit être alors la valeur de l'appliquée* BD. FIG. 130.

Soient entenduës deux lignes courbes *ANB, COB*, qui ayent pour axe commun la ligne *AB*, & qui soient telles que l'appliquée *PN* exprime le numérateur, & l'appliquée *PO* le dénominateur de la fraction générale qui convient à toutes les *PM* : de sorte que $PM = \frac{AB \times PN}{PO}$. Il est clair que ces deux courbes se rencontreront au point *B*; puisque par la supposition *PN* & *PO* deviennent chacune zero lorsque le point *P* tombe en *B*. Cela posé, si l'on imagine une appliquée *bd* infiniment proche de *BD*, & qui rencontre les lignes courbes *ANB, COB* aux points *f, g*; l'on aura $bd = \frac{AB \times bf}{bg}$, laquelle * ne différe pas de *BD*. *Art. 2.
Il n'est donc question que de trouver le rapport de *bg* à *bf*. Or il est visible que la coupée *AP* devenant *AB*, les appliquées *PN, PO* deviennent nulles; & que *AP* devenant *Ab*, elles deviennent *bf, bg*. D'où il suit que ces appliquées, elles-mêmes *bf, bg*, sont la différence des appliquées en *B* & *b* par rapport aux courbes *ANB, COB*; & partant que si l'on prend la différence du numérateur, & qu'on la divise par la différence du dénominateur, aprés

avoir fait $x = a = Ab$ ou AB, l'on aura la valeur cherchée de l'appliquée bd ou BD. Ce qu'il falloit trouver.

EXEMPLE I.

164. SOIT $y = \frac{\sqrt{2a^3x - x^4} - a\sqrt[3]{aax}}{a - \sqrt[4]{ax^3}}$. Il est clair que lorsque $x = a$, le numérateur & le dénominateur de la fraction deviennent égaux chacun à zero. C'est-pourquoy l'on prendra la différence $\frac{a^3dx - 2x^3dx}{\sqrt{2a^3x - x^4}} - \frac{aadx}{3\sqrt[3]{axx}}$ du numérateur, & on la divisera par la différence $-\frac{3adx}{4\sqrt[4]{a^3x}}$ du dénominateur, aprés avoir fait $x = a$, c'est-à-dire qu'on divisera $-\frac{4}{3}adx$ par $-\frac{3}{4}dx$; ce qui donne $\frac{16}{9}a$ pour la valeur cherchée de BD.

EXEMPLE II.

165. SOIT $y = \frac{aa - ax}{a - \sqrt{ax}}$. On trouve $y = 2a$, lorsque $x = a$.

On pourroit résoudre cet éxemple sans avoir besoin du calcul des différences, en cette sorte.

Ayant ôté les incommensurables, on aura $aaxx + 2aaxy - axyy - 2a^3x + a^4 + aayy - 2a^3y = 0$, qui étant divisé par $x - a$, se réduit à $aax - a^3 + 2aay - ayy = 0$; & substituant a pour x, il vient comme auparavant $y = 2a$.

LEMME I.

FIG. 131. 166. SOIT *une ligne courbe quelconque* BCG, *avec une ligne droite* AE *qui la touche au point* B, *& sur laquelle soient marqués à discrétion deux points fixes* A, E. *Si l'on fait rouler cette droite autour de la courbe, en sorte qu'elle la touche continüellement; il est clair que les points fixes* A, E *décriront dans ce mouvement deux courbes* AMD, ENH. *Si l'on mene à présent* DL *parallele à* AB, *& qui fasse parconséquent avec* DK (*sur laquelle je suppose la droite* AE *lorsqu'elle* *touche la courbe* BCG *en* G) *l'angle* KDL *égal à l'angle* AOD *fait par les tangentes en* B, G; *& que l'on décrive comme on voudra, du centre* D *l'arc* KFL:

Je dis que DK.KFL :: AE.AMD ± ENH. *sçavoir + lorsque le point touchant tombe toûjours entre les points décrivants, & — lorsqu'il les laisse toûjours du même côté.*

Car supposant que la droite *AE* en roulant autour de la courbe *BCG* soit parvenuë dans les positions *MCN*, *mCn* infiniment proches l'une de l'autre, & menant les rayons *DF*, *Df* paralleles à *CM*, *Cm* : il est clair que les sécteurs *DFf*, *CMm*, *CNn* seront semblables; & qu'ainsi *DF.Ff* :: *CM.Mm* :: *CN.Nn* :: *CM* ± *CN* ou *AE.Mm* ± *Nn*. Or comme cela arrivera toûjours en quelqu'endroit que se trouve le point touchant *C*, il s'ensuit que le rayon *DK* est à l'arc *KFL* somme de tous les petits arcs *Ff* :: *AE.AMD* ± *ENH* somme de tous les petits arcs *Mm* ± *Nn*. Ce qu'il falloit démontrer.

COROLLAIRE I.

167. Il est visible que les courbes *AMD*, *ENH* sont formées par le dévelopement de la même courbe *BCG*; & qu'ainsi la droite *AE* est toûjours perpendiculaire sur ces deux courbes dans toutes les positions où elle se rencontre: de sorte que leur distance est par tout la même; ce qui est la propriété des lignes paralleles. D'où l'on voit qu'une ligne courbe *AMD* étant donnée, on peut trouver une infinité de points de la courbe *ENH* sans avoir besoin de sa dévelopée *BCG*, en menant autant de perpendiculaires que l'on voudra à cette courbe, & les prenant toutes égales à la droite *AE*.

COROLLAIRE II.

168. Si la courbe *BCG* a ses deux moitiés *BC*, *CG* entiérement semblables & égales, & que l'on prenne les droites *BA*, *GH* égales entr'elles; il est clair que les courbes *AMD*, *ENH* seront semblables & égales, en sorte

qu'elles ne différeront que par leur position. D'où il suit que la courbe *AMD* sera à l'arc de cercle *KFL* :: $\frac{1}{2}$ *AE*. *DK*. c'est-à-dire en raison donnée.

PROPOSITION II.

Problême.

FIG. 132. 169. SOIENT *deux courbes quelconques* AEV, BCG, *avec une troisiéme* AMD *telle qu'ayant décrit par le develope-ment de la courbe* BCG *une portion de courbe* EM, *la rela-tion des portions de courbes* AE, EM, *& des rayons de la dé-velopée* EC, MG *soit exprimée par une équation quelcon-que donnée. On propose de mener d'un point donné* M *sur la courbe* AMD *la tangente* MT.

Ayant imaginé une autre portion de courbe *em* infiniment proche de *EM*, & les rayons de la developée *CeF*, *GmR*; Soit 1°. *CH* perpendiculaire sur *CE*, & qui rencontre en *H* la tangente *EH* de la courbe *AEV*. 2°. *ML* parallele à *CE*, & qui rencontre en *L* l'arc *GL* décrit du centre *M* & du rayon *MG*. 3°. *GT* perpendiculaire sur *MG*, & qui rencontre en *T* la tangente cherchée *MT*.

On nommera ensuite les données AE, x; EM, y; CE, u; GM, z; CH, s; EH, t; l'arc GL, r: d'où l'on aura $Ee = dx$, Fe ou $Rm = du = dz$; & les triangles réctangles semblables *eFE*, *ECH* donneront $CE\ (u).\ CH\ (s) :: Fe\ (dz).\ FE = \frac{sdz}{u}$. Et $CE\ (u).\ EH\ (t) :: Fe\ (dz).\ Ee\ (dx) = \frac{tdz}{u}$.

Art. 166. Or par le Lemme $RF - me = \frac{rdz}{z}$; & partant $RM\ (\overline{RF - me} + \overline{me - ME} + \overline{ME - MF}) = \frac{rdz}{z} + dy + \frac{sdz}{u}$. Donc à cause des triangles réctangles semblables *mRM*, *MGT*, l'on aura $mR\ (dz).\ RM\ (\frac{rdz}{z} + \frac{sdz}{u} + dy) :: MG\ (z).\ GT = r + \frac{sz}{u} + \frac{zdy}{dz}$. Mais si l'on met dans la différence de l'équation donnée à la place de du & dx leurs valeurs dz & $\frac{tdz}{u}$, l'on trouvera une valeur de dy en dz, laquelle étant ſubſtituée dans $\frac{zdy}{dz}$, il viendra pour la ſoutangente cherchée *GT* une valeur entiérement connuë & délivrée des différences. Ce qui étoit propoſé.

Si l'on ſuppoſe que la courbe *BCG* ſe réüniſſe en un point *O*; il eſt viſible que la portion de courbe *ME* (y) ſe change en un arc de cercle égal à l'arc *GL* (r), & que les rayons *CE* (u), *GM* (z) de la dévelopée deviennent égaux entr'eux: de ſorte que *GT*, qui devient en ce cas *OT*, ſe trouvera $= y + s + \frac{zdy}{dz}$. FIG. 133.

EXEMPLE.

170. SOIT $y = \frac{xz}{a}$; les différences donneront $dy = \frac{zdx - xdz}{a}$ (on prend * $- xdz$ au lieu de $+ xdz$; parce que x & y croiſſant, z diminuë) $= \frac{tdz - xdz}{a}$, en mettant pour dx ſa valeur $\frac{tdz}{z}$; & partant *OT* ($y + s + \frac{zdy}{dz}$) $= y + s + \frac{tz - xz}{a} = \frac{as + tz}{a}$, en mettant pour $\frac{xz}{a}$ ſa valeur y. FIG. 133. * *Art.* 8.

REMARQUE.

171. SI le point *O* tombe ſur l'axe *AB*, & que la courbe *AEV* ſoit un demi-cercle; la courbe *AMD* ſera une demi-roulette, formée par la révolution d'un demi-cercle *BSN* autour d'un arc égal *BGN* d'un cercle décrit du centre *O*, & dont le point générateur *A* tombera dehors, dedans, ou ſur la circonférence du demi-cercle mobile *BSN*, ſelon que la donnée a ſera plus grande, moindre, ou égale à *OV*. Pour le prouver, & déterminer en même temps le point *B*. FIG. 134.

Je ſuppoſe ce qui eſt en queſtion, ſçavoir que la courbe *AMD* eſt une demi-roulette, formée par la révolution du demi-cercle *BSN*, qui a pour centre le point *K* centre du demi-cercle *AEV*, autour de l'arc *BGN* décrit du centre *O*; & concevant que ce demi-cercle *BSN* s'arrête dans la ſituation *BGN* telle que le point décrivant *A* tombe ſur le point M, je mene par les centres des cercles générateurs la droite OK qui paſſe par-conſéquent par le point touchant G; & tirant KSE, j'obſerve que les triangles OKE, OKM ſont égaux & ſemblables, puiſque leurs trois côtés ſont égaux chacun à chacun. D'où il ſuit 1°. Que les angles extrêmes MOK, EOK ſont égaux ; & qu'ainſi les angles MOE, GOB le ſont auſſi : ce qui donne $GB . ME :: OB . OE$. 2°. Que les angles MKO, EKO ſont encore égaux ; & qu'ainſi les arcs GN, BS, qui les meſurent, le ſont auſſi : la même choſe ſe doit dire de leurs complémens GB, SN, à deux droits ; puiſqu'ils appartiennent à des cercles égaux. Or par la génération de la roulette, l'arc GB du cercle mobile eſt égal à l'arc GB de l'immobile. J'auray donc $SN . ME :: OB . OE$. Cela poſé,

Je nomme les données OV, b; KV ou KA, c; & l'inconnuë KB, u. J'ay $OB = b + c - u$; & les ſécteurs ſemblables KEA, KSN me donnent $KE\ (c) . KS\ (u) :: AE\ (x) . SN = \frac{ux}{c}$. Et partant $OB\ (b + c - u) . OE\ (z) :: SN\ (\frac{ux}{c}) . EM\ (y) = \frac{uxz}{bc + cc - cu} = \frac{xz}{a}$. D'où je tire $KB\ (u) = \frac{bc + cc}{a + c}$. Il eſt donc évident que ſi l'on prend $KB = \frac{bc + cc}{a + c}$, & qu'on décrive des centres K & O le demi-cercle BSN & l'arc BGN ; la courbe AMD ſera une demi-roulette décrite par la révolution du demi-cercle BSN autour de l'arc BGN, & dont le point décrivant A tombe dehors, dedans, ou ſur la circonférence de ce cercle, ſelon que $KV\ (c)$ eſt plus grand, moindre, ou égal à $KB\ (\frac{bc + cc}{a + c})$, c'eſt-à-dire ſelon que a eſt plus grand, moindre, ou égal à $OV\ (b)$.

COROLLAIRE I.

172. Il eſt clair que $EM\ (y) . AE\ (x) :: KB \times OE\ (uz) . OB \times KV\ (bc + cc - uc)$. Or ſi l'on ſuppoſe que OB devienne infinie ; la droite OE le ſera auſſi, & deviendra parallele à OB, puiſqu'elle ne la rencontrera jamais ; les

arcs concentriques *BGN, EM* deviendront des droites paralleles entr'elles, & perpendiculaires sur *OB, OE* : & alors la droite *EM* sera à l'arc *AE* :: *KB. KV.* parce que les droites infinies *OE, OB* ne différant entr'elles que d'une grandeur finie, doivent être regardées comme égales.

COROLLAIRE II.

173. De ce que les angles *MKO, EKO* sont égaux, il suit que les triangles *MKG, EKB* seront égaux & semblables ; & qu'ainsi les droites *MG, EB* sont égales entr'elles. D'où l'on voit* que pour mener d'un point donné *M* sur la roulette, la perpendiculaire *MG*, il n'y a qu'à décrire du centre *O* l'arc *ME*, & du centre *M* de l'intervalle *EB* un arc de cercle qui coupera la base *BGN* en un point *G*, par où & par le point donné *M* l'on tirera la perpendiculaire requise. * *Art. 43.*

COROLLAIRE III.

174. Un point *G* étant donné sur la circonférence du demi-cercle mobile *BGN* ; si l'on veut trouver le point *M* de la roulette sur lequel tombe le point décrivant *A* lorsque le point donné *G* touche la base, il ne faut que prendre l'arc *SN* égal à l'arc *BG*, & ayant tiré le rayon *KS* qui rencontre en *E* la circonférence *AEV*, décrire du centre *O* l'arc *EM*. Car il est évident que cet arc coupera la roulette au point cherché *M*.

PROPOSITION III.

Problême.

175. Soit *une demi-roulette* AMD *décrite par la révolution du demi-cercle* BGN *autour d'un arc égal* BGN *d'un autre cercle, en sorte que les parties révolues* BG, BG *soient toujours égales entr'elles ; soit le point décrivant* M *pris sur le diametre* BN *dehors, dedans, ou sur la circonférence mobile* BGN. *On demande le point* M *de la plus grande largeur de la demi-roulette par rapport à son axe* OA. FIG. 135. 136.

Supposant que le point *M* soit celuy qu'on cherche, il

Art. 47. est clair que la tangente en M doit être parallele à l'axe OA; & qu'ainsi la perpendiculaire MG à la roulette, doit être aussi perpendiculaire sur l'axe qu'elle rencontre au point P. Cela posé, si l'on mene OK par les centres des cercles générateurs, elle passera par le point touchant G; & si l'on tire KL perpendiculaire sur MG, on formera les angles égaux GKL, GOB; & partant l'arc IG qui est le double de la mesure de l'angle GKL, sera à l'arc GB mesure de l'angle GOB, comme le diametre BN est au rayon OB. D'où il suit que pour déterminer sur le demi-cercle BGN le point G, où il touche l'arc qui luy sert de base lorsque le point décrivant M tombe sur celuy de la plus grande largeur; il faut couper le demi-cercle BGN en un point G, en sorte qu'ayant tiré par le point donné M la corde IG, l'arc IG soit à l'arc BG en raison donnée de BN à OB: La question se réduit donc à un problême de la geométrie commune qui se peut toûjours résoudre geométriquement lorsque la raison donnée est de nombre à nombre; mais avec le secours des lignes dont l'équation est plus ou moins élevée, selon que la raison est plus ou moins composée.

Si l'on suppose que le rayon OB devienne infini, comme il arrive lorsque la base BGN devient une ligne droite; il s'ensuit que l'arc IG sera infiniment petit par rapport à l'arc GB. D'où l'on voit que la sécante MIG devient alors la tangente MT, lorsque le point décrivant M tombe au dehors du cercle mobile; & qu'il ne peut y avoir de point de plus grande largeur lorsqu'il tombe au dedans.

Lorsque le point M tombe sur la circonférence en N, il ne faut que diviser la demi-circonférence BGN en raison donnée de BN à OB au point G. Car le point G ainsi trouvé sera celuy où le cercle mobile BGN touche la base, lorsque le point décrivant tombe sur le point cherché.

LEMME

LEMME II.

176. En *tout triangle* BAC, *dont les angles* ABC, ACB, & CAD *complément à deux droits de l'angle obtus* BAC, *sont infiniment petits; je dis que ces angles ont même rapport entr'eux que les côtés* AC, AB, BC, *ausquels ils sont opposés.* Fig. 137.

Car si l'on circonscrit un cercle autour du triangle *BAC*, les arcs *AC*, *AB*, *BAC*, qui mesurent les doubles de ces angles, seront infiniment petits; & ne differeront *point par-conséquent de leurs cordes ou soutendantes. *Art. 3.

Si les côtés *AC*, *AB*, *BC* du triangle *BAC*, ne sont pas infiniment petits, mais qu'ils ayent une grandeur finie: il s'ensuit que le cercle circonscrit doit être infiniment grand; puisque les arcs *AC*, *AB*, *BAC*, qui ont une grandeur finie, doivent être infiniment petits par rapport à ce cercle, étant les mesures d'angles infiniment petits.

PROPOSITION IV.

Problême.

177. Les *mêmes choses étant posées; il faut déterminer sur chaque perpendiculaire* MG, *le point* C *où elle touche la dévelopée de la roulette.* Fig. 135. 136.

Ayant imaginé une autre perpendiculaire *mg* infiniment proche de *MG*, & qui la coupe par-conséquent au point cherché *C*, on tirera la droite *Gm*; & ayant pris sur la circonférence du cercle mobile le petit arc *Gg* égal à l'arc *Gg* de l'immobile, on menera les droites *Mg*, *Ig*, *Kg*, *Og*. Cela posé, si l'on regarde les petits arcs *Gg*, *Gg* comme de petites droites perpendiculaires sur les rayons *Kg*, *Og*; il est clair que le petit arc *Gg* du cercle mobile tombant sur l'arc *Gg* de l'immobile, le point décrivant *M* tombera sur *m*, en sorte que le triangle *GMg* se confondra avec le triangle *Gmg*. D'où l'on voit que l'angle *MGm* est égal à l'angle $gGg = GKg + GOg$; puisqu'ajoûtant de part & d'autre les mêmes angles *KGg*, *OGg*, l'on en compose deux droits.

Or nommant les données *OG*, *b*; *KG*, *a*; *GM* ou *Gm*, *m*;

GI ou Ig, n; l'on trouve 1°, $OG . GK :: GKg . GOg$. Et OG (b). $OG + GK$ ou OK ($b+a$) :: $GKg . GKg + GOg$

* Art. 176. ou $MGm = \frac{a+b}{b} GKg$. 2°.* $Ig . MI :: GMg . MgI$. Et $Ig \pm MI$ ou MG (m). Ig (n) :: $GMg \pm MgI$ ou GIg ou $\frac{1}{2} GKg . GMg$

Ibid. ou $Gmg = \frac{n}{2m} GKg$. 3°. L'angle MCm ou $MGm - Gmg$ $\left(\frac{a+b}{b} - \frac{n}{2m} GKg\right) . Gmg \left(\frac{n}{2m} GKg\right) :: Gm (m) . GC = \frac{bmn}{2am + 2bm - bn}$. Et par-conséquent le rayon cherché MC de la dévelopée sera $= \frac{2amm + 2bmm}{2am + 2bm - bn}$.

Si l'on suppose que le rayon OG (b) du cercle immobile devienne infini, sa circonférence deviendra une ligne droite; & en effaçant les termes $2amm$, $2am$, parce qu'ils sont nuls par rapport aux autres $2bmm$, $2bm - bn$, l'on aura $MC = \frac{2mm}{2m - n}$.

COROLLAIRE I.

178. De ce que l'angle $MGm = \frac{a+b}{b} GKg$, & de ce que les arcs de différens cercles sont entr'eux en raison composée des rayons & des angles qu'ils mesurent; il suit que $Gg . Mm :: KG \times GKg . MG \times \frac{a+b}{b} GKg$. Et par-conséquent aussi que $KG \times Mm = \frac{a+b}{b} MG \times Gg$; ou (ce qui est la même chose) que $KG \times Mm . MG \times Gg :: OK (a+b) . OG (b)$. qui est une raison constante. D'où l'on voit que la dimension de la portion AM de la demi-roulette AMD, dépend de la somme des $MG \times Gg$ dans l'arc GB; & c'est ce que M. *Paschal* a démontré à l'égard des roulettes qui ont pour bases des lignes droites.

M. *Varignon* est tombé dans cette même propriété par une voye tres différente de celle-ci.

COROLLAIRE II.

FIG. 135. 179. Lorsque le point décrivant M tombe hors de

la circonférence du cercle mobile, il arrive nécessairement l'un des trois cas suivans. Car menant la tangente MT, le point touchant G tombera 1°. Sur l'arc TB, comme l'on a supposé dans la figure en faisant le calcul; & alors MC $\left(\frac{2amm + 2bmm}{2am + 2bm - bn}\right)$ surpassera toûjours MG (m). 2°. Sur le point touchant T; & l'on aura pour lors $MC\left(\frac{2amm + 2bmm}{2am + 2bm - bn}\right) = m$, puisque IG (n) s'évanoüit. 3°. Sur l'arc TN; & alors la valeur de GI (n) devenant négative de positive qu'elle étoit, l'on aura $MC = \frac{2amm + 2bmm}{2am + 2bm + bn}$: de sorte que MC sera moindre que MG (m), & toûjours positif. D'où il est évident que dans tous ces cas, la valeur du rayon MC de la developée est toûjours positive.

COROLLAIRE III.

180. LORSQUE le point décrivant M tombe au dedans de la circonférence du cercle mobile, on a toûjours $MC = \frac{2amm + 2bmm}{2am + 2bm - bn}$; & il peut arriver que bn surpasse $2am + 2bm$, & qu'ainsi la valeur du rayon MC de la developée soit négative: d'où l'on voit que lorsqu'elle cesse d'être positive pour devenir négative, comme il arrive * lorsque le point M devient un point d'inflexion, il faut nécessairement alors que $bn = 2am + 2bm$; & partant que $MI \times MG$ $(mn - mm) = \frac{2amm + bmm}{b}$. Or si l'on nomme la donnée KM, c; l'on aura par la propriété du cercle $MI \times MG$ $\left(\frac{2amm + bmm}{b}\right) = BM \times MN$ $(aa - cc)$, ce qui donne l'inconnuë MG $(m) = \sqrt{\frac{aab - bcc}{2a + b}}$. Donc si l'on décrit du point donné M comme centre, & de l'intervalle $MG = \sqrt{\frac{aab - bcc}{2a + b}}$ un cercle; il coupera le cercle mobile en un point G, où il touchera le cercle immobile qui luy sert de base, lorsque le point décrivant M tombera sur le point d'inflexion F.

FIG. 136.

* Art. 81.

Si l'on mene *MR* perpendiculaire sur *BN*, il clair que cette *MG* ($\sqrt{\frac{aab-bcc}{2a+b}}$) sera moindre que *MR* ($\sqrt{aa-cc}$), & qu'elle luy doit être égale lorsque *b* devient infinie, c'est-à-dire lorsque la base de la roulette devient une ligne droite.

Il est à remarquer, qu'afin que le cercle décrit du rayon *MG* coupe le cercle mobile, il faut que *MG* surpasse *MN*, c'est-à-dire que $\sqrt{\frac{aab-bcc}{2a+b}}$ surpasse $a-c$; & qu'ainsi *KM* (c) surpasse $\frac{aa}{a+b}$. D'où il est manifeste qu'afin qu'il y ait un point d'infléxion dans la roulette *AMD*, il faut que *KM* soit moindre que *KN*, & plus grande que $\frac{aa}{a+b}$.

LEMME III.

FIG. 138. 181. SOIENT *deux triangles* ABb, CDd *qui ayent chacun un de leurs côtés* Bb, Dd *infiniment petit par rapport aux autres : je dis que le triangle* ABb *est au triangle* CDd *en raison composée de l'angle* BAb *à l'angle* DCd, *& du quarré du côté* AB *ou* Ab *au quarré du côté* CD *ou* Cd.

Car si l'on décrit des centres *A*, *C*, & des intervalles *AB*, *CD*, les arcs de cercles *BE*, *DF*; il est clair * que les triangles *ABb*, *CDd* ne différeront point des sécteurs de cercles *ABE*, *CDF*. Donc &c.

*Art. 2.

Si les côtés *AB*, *CD* sont égaux, les triangles *ABb*, *CDd* seront entr'eux comme leurs angles *BAb*, *DCd*.

PROPOSITION V.

Problême.

FIG. 135. 182. LES *mêmes choses étant toûjours posées; on demande la quadrature de l'espace* MGBA, *renfermé par les perpendiculaires* MG, BA *à la roulette, par l'arc* GB, *& par la portion* AM *de la demi-roulette* AMD, *en supposant la quadrature du cercle.*

L'angle *GMg* ($\frac{n}{2m}$ *GKg*) est à l'angle *MGm* ($\frac{a+b}{b}$ *GKg*), comme* le petit triangle MGg qui a pour baſe l'arc Gg du cercle mobile, au petit triangle ou ſécteur GMm; & partant le ſécteur $GMm = \frac{2m}{n} MGg \times \frac{a+b}{b} = \frac{2a+2b}{b} MGg + \frac{2ap+2bp}{bn} MGg$ en nommant MI, p, & mettant pour m ſa valeur $p+n$. Or * le petit triangle ou ſécteur KGg eſt au petit triangle MGg en raiſon compoſée du quarré de KG au quarré de MG, & de l'angle GKg à l'angle GMg; c'eſt-à-dire $:: aa \times GKg . mm \times \frac{n}{2m} GKg$. & partant le petit triangle $MGg = \frac{mn}{2aa} KGg$. Mettant donc cette valeur à la place du triangle MGg dans $\frac{2ap+2bp}{bn} MGg$, l'on aura le ſécteur $GMm = \frac{2a+2b}{b} MGg + \frac{\overline{a+b} \times pm}{aab} KGg$. Mais à cauſe du cercle, $GM \times MI\ (pm) = BM \times MN\ (cc - aa)$, qui eſt une quantité conſtante, & qui demeure toûjours la même en quelqu'endroit que ſe trouve le point décrivant M; & par-conſéquent $GMm + MGg$ ou mGg, c'eſt-à-dire le petit eſpace de la roulette $GMmg = \frac{2a+3b}{b} MGg + \frac{\overline{a+b} \times \overline{cc-aa}}{aab} KGg$. Donc puiſque $GMmg$ eſt la différence de l'eſpace de la roulette $MGBA$, & MGg celle de l'eſpace circulaire MGB, renfermé par les droites MG, MB, & par l'arc GB, & que de plus le petit ſécteur KGg eſt la différence du ſécteur KGB; il s'enſuit* que l'eſpace de la roulette $MGBA = \frac{2a+3b}{b} MGB + \frac{\overline{a+b} \times \overline{cc-aa}}{aab} KGB$. Ce qu'il falloit trouver.

Art. 181. *Art. 181.* *Art. 96.*

Lorſque le point décrivant M tombe hors la circonférence BGN du cercle mobile, & que le point touchant G tombe ſur l'arc NT; il eſt viſible* que les perpendiculaires MG, mg s'entrecoupent en un point C, & qu'on a pour lors $m = p - n$. D'où il ſuit que le petit ſécteur $GMm = -\frac{2a-2b}{b} MGg + \frac{2ap+2bp}{bn} MGg = -\frac{2a-2b}{b} MGg + \frac{amp+bmp}{aab} KGg$, en mettant comme auparavant pour le

FIG. 139. *Art. 180.*

petit triangle MGg sa valeur $\frac{mn}{2aa}KGg$; & partant que $GMm - MGg$ ou mGg, c'est-à-dire $MCm - GCg = -\frac{2a - 3b}{b}MGg + \frac{\overline{a+b} \times \overline{cc-aa}}{aab}KGg$, en mettant pour pm sa valeur $cc - aa$. Or supposant que TH soit la position de la tangente TM du cercle mobile, lorsque son point T touche la base au point T; il est clair que $MCm - GCg = MGTH - mgTH$, c'est-à-dire la différence de l'espace $MGTH$, & que MGg est

* *Art. 96.* celle de MGT, de même que KGg celle de KGT. Donc* l'espace $MGTH = -\frac{2a-3b}{b}MGT + \frac{\overline{a+b} \times \overline{cc-aa}}{aab}KGT$. Mais, comme l'on vient de prouver, l'espace $HTBA = \frac{2a+3b}{b}MTB + \frac{\overline{a+b} \times \overline{cc-aa}}{aab}KTB$. Et partant on aura toûjours & dans tous les cas l'espace $MGBA$ $(MGTH + HTBA)$ $= \frac{2a+3b}{b}\overline{MTB - MGT}$ ou $MGB + \frac{\overline{a+b} \times \overline{cc-aa}}{aab}\overline{KGT + KTB}$ ou KGB.

Fig. 135. Donc l'espace entier $DNBA$ renfermé par les deux perpendiculaires à la roulette DN, BA, par l'arc de cercle BGN, & par la demi-roulette AMD, est $= \overline{\frac{2a+3b}{b} + \frac{\overline{a+b} \times \overline{cc-aa}}{aab}} \times KNGB$; puisque le secteur KGB & l'espace circulaire MGB deviennent chacun le demi-cercle $KNGB$, lorsque le point touchant G tombe au N.

Fig. 136. Lorsque le point décrivant M tombe au dedans du cercle mobile, il faut mettre $aa - cc$ à la place de $cc - aa$ dans les formules précédentes; parce qu'alors $BM \times MN = aa - cc$.

Si l'on fait $c = a$, l'on aura la quadrature des roulettes qui ont leur point décrivant sur la circonférence du cercle mobile; & si l'on suppose b infinie, l'on aura la quadrature de celles qui ont pour bases des lignes droites.

Autre solution.

Fig. 140. 183. On décrit du rayon OD l'arc DV, & des diametres AV, BN les demi-cercles AEV, BSN; & ayant décrit

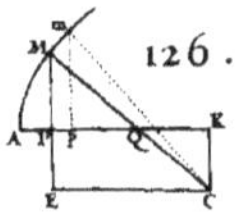
126.

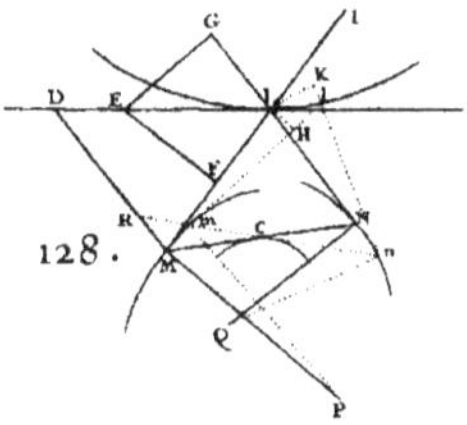
128.

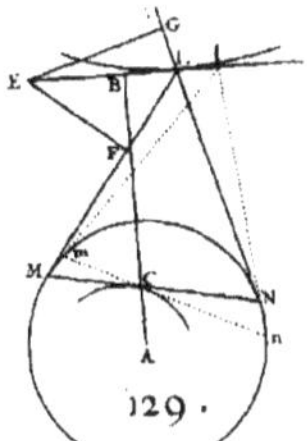
129.

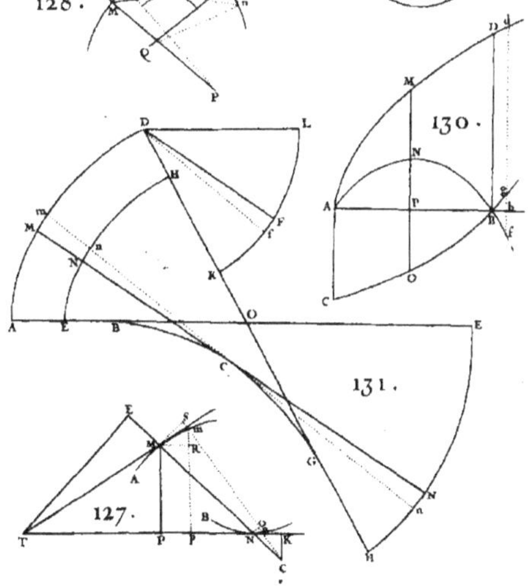
130.
131.
127.

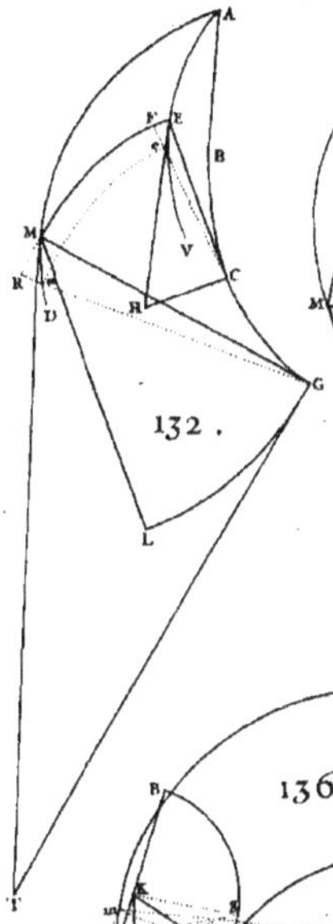
132.

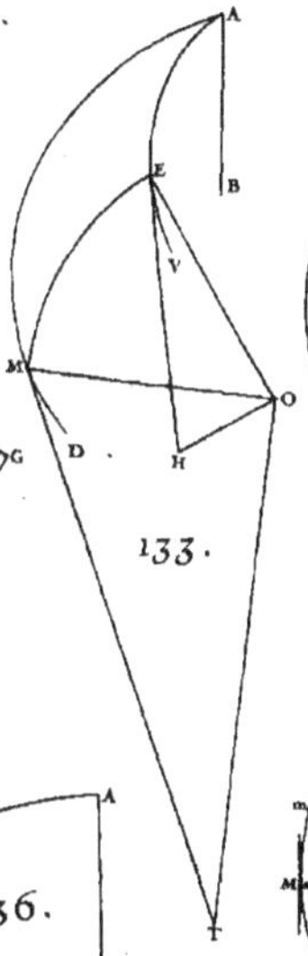
133.

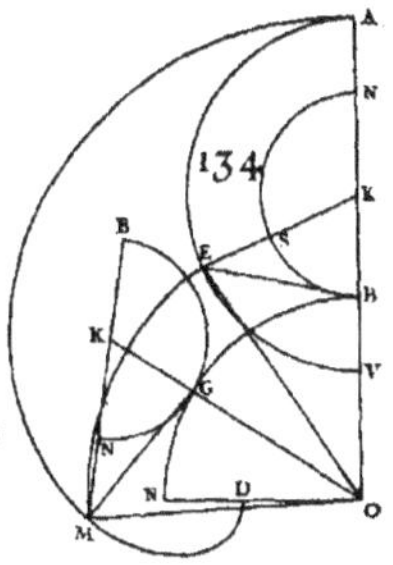
134.

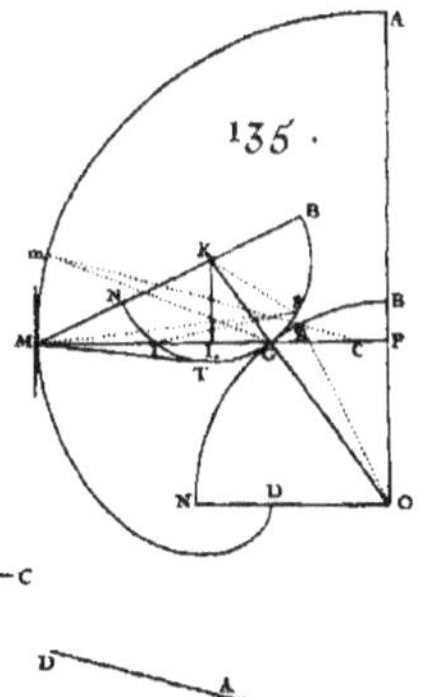
135.

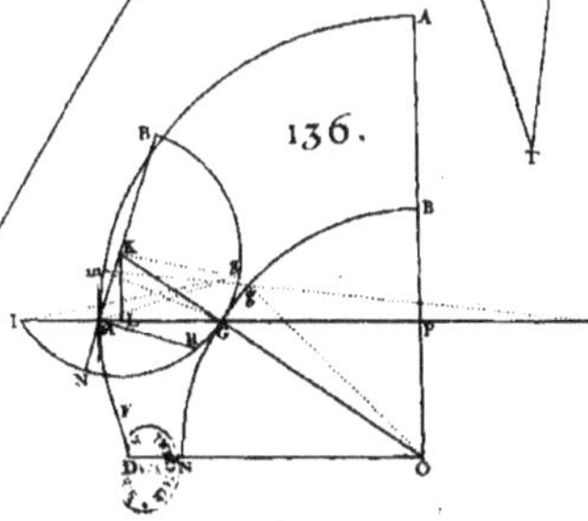
136.

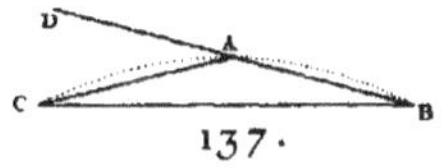
137.

à discrétion du centre O l'arc EM renfermé entre le demi-cercle AEV & la demi-roulette AMD, l'on mene l'appliquée EP. Il s'agit de trouver la quadrature de l'espace AEM compris entre les arcs AE, EM, & la portion AM de la demi-roulette AMD.

Pour cela, soit un autre arc em concentrique & infiniment proche de EM, une autre appliquée ep, une autre Oe qui rencontre l'arc ME prolongé (s'il est nécessaire) au point F. Soient nommées les variables OE, z; VP, u; l'arc AE, x; & comme auparavant les constantes OB, b; KB ou KN, a; KV ou KA, c: l'on aura $Fe = dz$, $Pp = du$, $OP = a + b - c + u$, $PE^2 = 2cu - uu$, l'arc EM * $= \frac{axz}{bc}$; & partant le réctangle fait de l'arc EM par la petite droite Fe, c'est-à-dire * le petit espace $EMme = \frac{axzdz}{bc}$. Or à cause du triangle réctangle OPE; $zz = aa + 2ab + bb - 2ac - 2bc + cc + 2au + 2bu$, dont la difference donne $zdz = adu + bdu$. Mettant donc cette valeur à la place de zdz dans $\frac{axzdz}{bc}$, l'on aura le petit espace $EMme = \frac{aaxdu + abxdu}{bc}$. *Art. 172. *Art. 2.

Maintenant si l'on décrit la demi-roulette AHT par la révolution du demi-cercle AEV sur la droite VT perpendiculaire à VA, & qu'on prolonge les appliquées PE, pe jusqu'à ce qu'elles la rencontrent aux points H, h: il est clair * que $EH \times Pp$, c'est-à-dire le petit espace $EHhe = xdu$; & qu'ainsi $EMme \left(\frac{aaxdu + abxdu}{bc}\right)$. $EHhe\ (xdu) :: aa + ab . bc$. qui est une raison constante. Or puisque cela arrive toûjours en quelqu'endroit que se trouve l'arc EM, il s'ensuit que la somme de tous les petits espaces $EMme$, c'est-à-dire l'espace AEM, est à la somme de tout les petits espaces $EHhe$, c'est-à-dire à l'espace $AEH :: aa + ab . bc$. Mais l'on a * la quadrature de l'espace AEH dépendemment de celle du cercle; & partant aussi celle de l'espace cherché AEM. *Art. 172. *Art. 99.

Ceci se peut aussi démontrer sans aucun calcul, comme j'ay fait voir dans les Actes de Leypsic au mois d'Aoust de l'année 1695.

On peut encore trouver la quadrature de l'espace *AEH* sans avoir recours à l'article 99. Car si l'on acheve les réctangles *PQ*, *pq*, l'on aura *Qq* ou *HR*. *Pp* ou *Rh* :: *EP*. *PA* ou *HQ*. puisque * la tangente en *H* est parallele à la corde *AE*; & partant $HQ \times Qq = EP \times Pp$, c'est-à-dire que les petits espaces *HQqh*, *EPpe* sont toûjours égaux entr'eux. D'où il suit que l'espace *AHQ* renfermé par les perpendiculaires *AQ*, *QH*, & par la portion *AH* de la demi-roulette *AHT*, est égal à l'espace *APE* renfermé par les perpendiculaires *AP*, *PE*, & par l'arc *AE*. L'espace *AEH* sera donc égal au réctangle *PQ* moins le double de l'espace circulaire *APE*; c'est-à-dire au réctangle fait de *PE* par *KA* plus ou moins le réctangle fait de *KP* par l'arc *AE*, selon que le point *P* tombe au dessous ou au dessus du centre. Et par-conséquent l'espace cherché $AEM = \frac{aa + ab}{bc} \overline{PE \times KA \pm KP \times AE}$.

* Art. 18.

COROLLAIRE I.

184. Lorsque le point *P* tombe en *K*, le réctangle $KP \times AE$ s'évanoüit, & le réctangle $PE \times KA$ devient égal au quarré de *KA*: d'où l'on voit que l'espace *AEM* est alors $= \frac{aac + abc}{b}$; & par-conséquent il est quarrable absolument & indépendemment de la quadrature du cercle.

COROLLAIRE II.

185. Si l'on ajoûte à l'espace *AEM* le séćteur *AKE*, l'espace *AKEM* renfermé par les rayons *AK*, *KE*, par l'arc *EM*, & par la portion *AM* de la demi-roulette *AMD*, se trouve (lorsque le point *P* tombe au dessus du centre *K*) $= \frac{bcc + 2aac + 2abc - 2aau - 2abu}{2bc} AE + \frac{aa + ab}{bc} PE \times KA$; & partant si l'on prend *VP* $(u) = \frac{2aac + 2abc + bcc}{2aa + 2ab}$ (ce qui rend nulle la valeur de $\frac{bcc + 2aac + 2abc - 2aau - 2abu}{2bc} AE$), l'on aura

l'espace

l'eſpace $AKEM = \frac{aa+ab}{bc} PE \times KA$. D'où l'on voit que ſa quadrature eſt encore indépendante de celle du cercle.

Il eſt viſible qu'entre tous les eſpaces *AEM* & *AKEM*, il ne peut y avoir que les deux que l'on vient de marquer, dont la quadrature ſoit abſoluë.

AVERTISSEMENT.

Tout ce que l'on vient de démontrer à l'égard des roulettes extérieures ſe doit auſſi entendre des intérieures, c'eſt-à-dire de celles dont le cercle mobile roule au dedans de l'immobile; en obſervant que les rayons KB (a), KV (c) *deviennent négatifs de poſitifs qu'ils étoient. C'eſt-pourquoy il faudra changer dans les formules précédentes, les ſignes des termes où* a & c *ſe rencontrent avec une dimenſion impaire.*

REMARQUE.

186. Il y a certaines courbes qui paroiſſent avoir un point d'infléxion, & qui cependant n'en ont point; ce que je crois à propos d'expliquer par un éxemple, car cela pourroit faire quelque difficulté.

Soit la courbe geométrique *NDN*, dont la nature eſt FIG. 141. exprimée par l'équation $z = \frac{xx - aa}{\sqrt{2xx - aa}}$ ($AP = x$, $PN = z$), dans laquelle il eſt clair 1°. Que x étant égale à a; PN (z) s'évanoüit. 2°. Que x ſurpaſſant a, la valeur de z eſt poſitive; & qu'aucontraire lorſqu'il eſt moindre, elle eſt négative. 3°. Que lorſque $x = \sqrt{\frac{1}{2}aa}$, la valeur de PN eſt infinie. D'où l'on voit que la courbe *NDN* paſſe de part & d'autre de ſon axe en le coupant en un point *D* tel que $AD = a$; & qu'elle a pour aſymptote la perpendiculaire *BG* menée par le point *B* tel que $AB = \sqrt{\frac{1}{2}aa}$.

Si l'on décrit à préſent une autre courbe *EDF*, en ſorte qu'ayant mené à diſcrétion la perpendiculaire *MPN*, le réctangle fait de l'appliquée *PM* par la conſtante *AD*, ſoit toûjours égal à l'eſpace correſpondant DPN; il eſt viſible qu'en nommant PM, y; & prenant les différences, l'on aura $AD \times Rm$ (ady) $=$ $NPpn$ ou $NP \times Pp$ $\left(\frac{xxdx - aadx}{\sqrt{2xx - aa}}\right)$; & partant Rm (dy). Pp ou RM (dx) :: PN. AD. D'où il ſuit que la courbe EDF touche l'aſymptote BG prolongée de l'autre côté de B en un point E, & l'axe AP au point D; & qu'ainſi elle doit avoir un point

*Art. 78. d'infléxion en D. Cependant on trouve * $-\frac{x^3}{2aa}$ pour la valeur du rayon de ſa dévelopée, laquelle eſt toûjours négative, & devient égale à $-\frac{1}{2}a$ lorſque le point M

*Art. 81. tombe en D: d'où l'on doit conclure * que la courbe qui paſſe par tout les points M eſt toûjours convexe vers l'axe AP, & qu'elle n'a point de point d'infléxion en D. Comment donc accorder tout cela? En voicy le dénouëment.

Si l'on prend PM du même côté que PN, on formera une autre courbe GDH qui ſera toute pareille à EDF, & qui en doit faire partie; puiſque ſa génération eſt la même. Cela étant ainſi, l'on doit penſer que les parties qui compoſent la courbe entiére ne ſont pas EDF, GDH comme l'on s'étoit imaginé, mais bien EDH, GDF qui ſe touchent au point D; car tout s'accorde parfaitement dans cette derniere ſuppoſition. Ceci ſe confirme encore par cet éxemple.

FIG. 142. Soit la courbe DMG, qui ait pour équation $y^4 = x^4 + aaxx - b^4$ ($AP = x$, $PM = y$). Il ſuit de cette équation que la courbe entiére a deux parties EDH, GDF opposées l'une à l'autre comme l'hyperbole ordinaire, en ſorte que leur diſtance DD ou $2AD = \sqrt{-2aa + 2\sqrt{a^4 + 4b^4}}$.

FIG. 143. Si l'on ſuppoſe que b s'évanoüiſſe, la diſtance DD s'évanoüira auſſi; & partant les deux parties EDH, GDF ſe toucheront au point D: de ſorte qu'on pourroit penſer à préſent que cette courbe a un point d'infléxion ou de rebrouſſement en D, ſelon qu'on imagineroit que ſes parties seroient *EDF*, *GDH* ou *EDG*, *HDF*. Mais l'on se détromperoit aisément, en cherchant le rayon de la dévelopée ; car l'on trouveroit qu'il seroit toûjours positif, & qu'il deviendroit égal à $\frac{1}{2}a$ dans le point *D*.

On peut remarquer en passant, que la quadrature de l'espace *DPN* dépend de celle de l'hyperbole : ou (ce qui revient au même) de la réctification de la parabole. FIG. 141.

SECTION X.

Nouvelle maniére de se servir du calcul des différences dans les courbes geométriques, d'où l'on déduit la Méthode de Mrs Descartes *&* Hudde.

DÉFINITION I.

FIG. 144. 145. 146. SOIT une ligne courbe *ADB* telle que les paralleles *KMN* à son diametre *AB*, la rencontrent en deux points *M*, *N*; & soit entenduë la partie interceptée *MN* ou *PQ* devenir infiniment petite. Elle sera nommée alors la *Différence* de la coupée *AP*, ou *KM*.

COROLLAIRE I.

187. LORSQUE la partie *MN* ou *PQ* devient infiniment petite; il est clair que les coupées *AP*, *AQ* deviennent égales chacune à *AE*, & que les points *M*, *N* se réünissent en un point *D*: en sorte que l'appliquée *ED* est la plus grande ou la moindre de toutes ses semblables *PM*, *NQ*.

COROLLAIRE II.

188. IL est clair qu'entre toutes les coupées *AP*, il n'y a que *AE* qui ait une différence; parce qu'il n'y a qu'en ce cas où *PQ* devienne infiniment petite.

COROLLAIRE III.

189. SI l'on nomme les indéterminées *AP* ou *KM*, *x*; *PM* ou *AK*, *y*; il est évident que *AK* (*y*) demeurant la même, il doit y avoir deux valeurs différentes de *x*, sçavoir *KM*, *KN* ou *AP*, *AQ*. C'est-pourquoy il faut que l'équation qui exprime la nature de la courbe *ADB* soit délivrée d'incommensurables, afin que la même inconnuë *x* qui en marque les racines (car on regarde *y* comme connuë) puisse avoir différentes valeurs. Ce qu'il faut observer dans la suite.

PROPOSITION I.

Problême.

190. LA *nature de la courbe geométrique* ADB *étant donnée ; déterminer la plus grande ou la moindre de ses appliquées* ED.

Si l'on prend la différence de l'équation qui exprime la nature de la courbe, en traittant y comme constante, & x comme variable ; il est clair * qu'on formera une nouvelle équation qui aura pour une de ses racines x, une valeur AE, telle que l'appliquée ED sera la plus grande ou la moindre de toutes ses semblables. *Art. 188.

Soit par éxemple $x^3 + y^3 = axy$, dont la différence, en traittant x comme variable, & y comme constante, donne $3xxdx = aydx$; & partant $y = \frac{3xx}{a}$. Si l'on substituë cette valeur à la place de y dans l'équation à la courbe $x^3 + y^3 = axy$; l'on aura pour x une valeur $AE = \frac{1}{3}a\sqrt[3]{2}$, telle que l'appliquée ED sera la plus grande de toutes ses semblables, de même qu'on l'a déja trouvé art. 48.

Il est évident que l'on détermine de même non seulement les points D, lorsque les appliquées ED sont perpendiculaires ou tangentes de la courbe ADB ; mais aussi lorsqu'elles sont obliques sur la courbe, c'est-à-dire lorsque les points D sont des points de rebroussement de la premiere ou seconde sorte. D'où l'on voit que cette nouvelle maniére de considérer les différences dans les courbes geométriques est plus simple & moins embarrassante en quelques rencontres, que la * premiere. * Sect. 5.

REMARQUE.

191. ON peut remarquer dans les courbes rebroussantes, que les PM paralleles à AK, les rencontrent en deux points M, O, de même que les KM paralleles à AP, font en M, N : de sorte que AP (x) demeurant la même, y a deux FIG. 146.

différentes valeurs PM, PO. C'est-pourquoy l'on peut traitter x comme constante, & y comme variable, en prenant la différence de l'équation qui exprime la nature de nature de cette courbe. D'où l'on voit que si l'on traitte x & y comme variables, en prenant cette différence, il faudra que tous les termes qui multiplient dx d'une part, & tous ceux qui multiplient dy d'une autre part, soient égaux à zero. Mais il faut bien prendre garde que dx & dy marquent ici les différences de deux appliquées qui partent d'un même point, & non pas (comme ci-devant Sect. 3.) la différence de deux appliquées infiniment proches.

COROLLAIRE.

192. Si aprés avoir ordonné l'équation qui exprime la nature de la courbe dans laquelle il n'y a que l'inconnuë x de variable, l'on en prend la différence; il est clair 1°. Qu'on ne fait autre chose que de multiplier chaque terme par l'exposant de la puissance de x & par la différence dx, & le diviser ensuite par x. 2°. Que cette division par x, aussi-bien que la multiplication par dx, peut être négligée, parce qu'elle est la même dans tous les termes. 3°. Que les exposans des puissances de x font une progression arithmétique, dont le premier terme est l'exposant de sa plus grande puissance, & le dernier est zero; car on suppose qu'on ait marqué par une étoile les termes qui peuvent manquer dans l'équation.

Soit par exemple $x^3 * - ayx + y^3 = 0$. Si l'on multiplie chaque terme par ceux de la progression arithmétique $3, 2, 1, 0$; l'on formera l'équation nouvelle $3x^3 - ayx = 0$.

$$\begin{array}{cccccc} x^3 & * & -ayx & +y^3 & = 0. \\ 3, & 2, & 1, & 0. & \\ \hline 3x^3 & * & -ayx & * & = 0. \end{array}$$

D'où l'on tire $y = \frac{3xx}{a}$, de même que l'on auroit trouvé en prenant la différence à la maniére accoûtumée.

Cela supposé, je dis qu'au lieu de la progression arithmétique $3, 2, 1, 0$, l'on peut se servir de telle autre progression arithmétique qu'on voudra : $m+3, m+2, m+1, m+0$, ou m (l'on désigne par m un nombre quelconque entier, ou rompu, positif, ou négatif). Car multipliant $x^3 * -ayx+y^3=0$ par x^m, l'on aura $x^{m+3} *$, &c. $=0$, dont les termes doivent être multipliés par ceux de la progression $m+3, m+2, m+1, m$. chacun par son correspondant pour en avoir la différence.

$$\begin{array}{cccc} x^{m+3} & * & -ayx^{m+1} & +y^3x^m = 0. \\ m+3, & m+2, & m+1, & m. \\ \hline \overline{m+3}x^{m+3} & * & -\overline{m+1}ayx^{m+1} & +my^3x^m = 0. \end{array}$$

Ce qui donnera $\overline{m+3}x^{m+3} - \overline{m+1}ayx^{m+1} + my^3x^m = 0$; & en divisant par x^m, il viendra $\overline{m+3}x^3 - \overline{m+1}ayx + my^3 = 0$, comme l'on auroit trouvé d'abord en multipliant simplement l'égalité proposée par la progression $m+3, m+2, m+1, m$.

Si $m=-3$, la progression sera $0, -1, -2, -3$; & l'équation sera $2ayx-3y^3=0$. Si $m=-1$, la progression sera $2, 1, 0, -1$; & l'équation $2x^3-y^3=0$.

On peut changer de signes tous les termes de la progression, c'est-à-dire qu'au lieu de $0, -1, -2, -3$, & $2, 1, 0, -1$, l'on peut prendre $0, 1, 2, 3$, & $-2, -1, 0, 1$; parce qu'on ne fait par-là que changer de signes tous les termes de la nouvelle équation qui doit être égalée à zero. Et en effet, au lieu de $2ayx-3y^3=0$, $2x^3-y^3=0$, l'on auroit $-2ayx+3y^3=0$, $-2x^3+y^3=0$; ce qui est la même chose.

Or il est visible que ce que l'on vient de démontrer à l'égard de cet éxemple, s'appliquera de même maniére à tous les autres. D'où il suit que si aprés avoir ordonné une équation qui doit avoir deux racines égales entr'elles, l'on en multiplie les termes par ceux d'une progression arithmétique arbitraire, l'on formera une nouvelle équation qui renfermera entre ses racines une des deux égales de la premiére. Par la même raison, si cette nouvelle équation doit avoir encore deux racines égales, & qu'on la multiplie par une progression arithmétique, l'on en formera une troisiéme qui aura entre ses racines une des deux égales de la seconde ; & ainsi de suite. De sorte que si l'on multiplie une équation qui doit avoir trois racines égales, par le produit de deux progressions arithmétiques, l'on en formera une nouvelle qui aura entre ses racines une des trois égales de la premiére ; & de même si l'équation doit avoir quatre racines égales, il la faudra multiplier par le produit de trois progressions arithmétiques ; si cinq, par le produit de quatre, &c.

C'est-là précisément en quoy consiste la Méthode de M. *Hudde*.

PROPOSITION II.

Problême.

FIG. 147. 193. D'UN *point donné* T *sur le diametre* AB, *ou du point donné* H *sur* AH *parallele aux appliquées ; mener la tangente* THM.

Ayant mené par le point touchant *M* l'appliquée *MP*, & nommé *AT*, s ; *AH*, t ; dont l'une ou l'autre est donnée ; & les inconnuës *AP*, x ; *PM*, y : les triangles semblables *TAH*, *TPM* donneront $y = \frac{st + tx}{s}$, $x = \frac{sy - st}{t}$; & mettant ces valeurs à la place de y ou de x dans l'équation donnée, qui exprime la nature de la courbe *AMD*, l'on en formera une nouvelle dans laquelle y ou x ne se rencontrera plus.

Si l'on mene à présent une ligne droite *TD* qui coupe la droite *AH* en *G*, & la courbe *AMD* en deux points *N*, *D*, desquels l'on abbaisse les appliquées *NQ*, *DB* ; il est évident que t exprimant *AG* dans l'équation précédente, x ou y aura deux valeurs *AQ*, *AB*, ou *NQ*, *DB*, lesquelles deviennent égales entr'elles, sçavoir à la cherchée *AP* ou *PM* lorsque t exprime *AH*, c'est-à-dire lorsque la sécante *TDN* devient la tangente *TM*. D'où il suit que cette équation doit avoir deux racines égales. C'est-pourquoy on la multiplira par une progression arithmétique arbitraire ; ce que l'on réïterera, s'il est nécess-

néceſſaire, en multipliant de nouveau cette même équation par une autre progreſſion arithmétique quelconque, afin que par la comparaiſon des équations qui en réſultent, l'on en puiſſe trouver une qui ne renferme que l'inconnuë x ou y, avec la donnée s ou t. L'éxemple qui ſuit, éclaircira ſuffiſamment cette Méthode.

EXEMPLE.

194. SOIT $ax=yy$ l'équation qui exprime la nature de la courbe AMD. Si l'on met à la place de x ſa valeur $\frac{sy-st}{t}$, l'on aura tyy, &c. qui doit avoir deux racines égales.

$$\begin{array}{cccc} tyy & -\,asy & +\,ast & =0. \\ 1, & 0, & -\,1. & \\ \hline tyy & * & -\,ast & =0. \end{array}$$

C'eſt-pourquoy multipliant par ordre ces termes par ceux de la progreſſion arithmétique $1, 0, -1$, l'on trouvera $as=yy=ax$; & partant $AP\ (x)=s$. D'où l'on voit qu'en prenant $AP=AT$; & menant l'appliquée PM, la ligne TM ſera tangente en M. Mais ſi au lieu de $AT\ (s)$, c'eſt $AH\ (t)$ qui eſt donnée; l'on multipliera la même équation tyy, &c. par cette autre progreſſion $0, 1, 2$, & l'on aura la cherchée $PM\ (y)=2t$.

On auroit trouvé la même conſtruction en mettant pour y ſa valeur $\frac{st+tx}{s}$ dans $ax=yy$. Car il vient $ttxx$, &c. dont les termes multipliés par $1, 0, -1$, donnent $xx=ss$; & par-conſéquent $AP\ (x)=s$.

COROLLAIRE.

195. SI l'on veut à preſent que le point touchant M ſoit donné, & qu'il faille trouver le point T ou H, dans lequel la tangente MT rencontre le diametre AB ou la parallele AH aux appliquées; il n'y a qu'à regarder dans la derniére équation, qui exprime la valeur de l'inconnuë x ou y par rapport à la donnée s ou t, cette derniére comme l'inconnuë, & x ou y comme connuë.

PROPOSITION III.

Problême.

FIG. 148.

196. LA *nature de la courbe geométrique* AFD *étant donnée ; déterminer son point d'infléxion* F.

Ayant mené par le point cherché *F* l'appliquée *FE* avec la tangente *FL*, par le point *A* (origine des *x*) la parallele *AK* aux appliquées, & nommé les inconnuës *LA*, *s*; *AK*, *t*; *AE*, *x*; *EF*, *y*: les triangles semblables *LAK*, *LEF* donneront encore $y = \frac{st + tx}{s}$, & $x = \frac{sy - st}{t}$; de sorte que mettant ces valeurs à la place de *y* ou *x* dans l'équation à la courbe, l'on en formera une nouvelle dans laquelle *y* ou *x* ne se rencontrera plus, de même que dans la proposition précédente.

Si l'on mene à présent une ligne droite *TD* qui coupe la droite *AK* en *H*, qui touche la courbe *AFD* en *M*, & la coupe en *D*, d'où l'on abaisse les appliquées *MP*, *DB*: il est évident 1°. Que *s* exprimant *AT*; & *t*, *AH*; l'équation que l'on vient de trouver, doit avoir deux racines
* Art. 193. égales, sçavoir* chacune à *AP* ou à *PM* selon qu'on a fait évanoüir *y* ou *x*, & une autre *AB* ou *BD*. 2°. Que *s* exprimant *AL*; & *t*, *AK*; le point touchant *M* se réünit avec le point d'intersection *D* dans le point cherché *F*:
* Art. 67. puisque*la tangente *LF* doit toucher & couper la courbe dans le point d'infléxion *F*; & qu'ainsi les valeurs *AP*, *AB* de *x* ou *PM*, *BD* de *y* deviennent égales entr'elles, sçavoir l'une & l'autre à la cherchée *AE* ou *EF*. D'où il suit que cette équation doit avoir trois racines égales. C'est-pourquoy on la multipliera par le produit de deux progressions arithmétiques arbitraires ; ce que l'on réïterera, s'il est nécessaire, en la multipliant de même par un autre produit de deux progressions arithmétiques quelconques, afin que par la comparaison des équations qui en résultent, l'on puisse faire évanoüir les inconnuës *s* & *t*.

EXEMPLE.

197. SOIT $ayy = xyy + aax$ l'équation qui exprime la nature de la courbe *AFD*. Si l'on met à la place de x sa valeur $\frac{sy - st}{t}$, on formera l'équation $sy^3 - styy - atyy$, &c.

$$\begin{array}{llllll} sy^3 & - styy & + aasy & - aast & = 0. \\ & - at & & & \\ 1, & 0, & -1, & -2. & \\ 3, & 2, & 1, & 0. & \\ \hline 3sy^3 & * & - aasy & * & = 0. \end{array}$$

qui étant multipliée par $3, 0, -1, 0$, produit des deux progressions arithmétiques $1, 0, -1, -2$, & $3, 2, 1, 0$, donne $yy = \frac{1}{3}aa$; & mettant cette valeur dans l'équation à la courbe, l'on trouve l'inconnuë $AE\ (x) = \frac{1}{4}a$. Ce qui revient à l'art. 68.

AUTRE SOLUTION.

198. ON peut encore résoudre ce Problême en remarquant que du même point *L* ou *K* on ne peut mener qu'une seule tangente *LF* ou *KF*; parce qu'elle touche en dehors la partie concave *AF*, & en dedans le convexe *FD*; au lieu que de tout autre point *T* ou *H*, pris sur *AL* ou *AK* entre *A* & *L* ou *A* & *K*, l'on peut mener deux tangentes *TM*, *TD* ou *HM*, *HD*, l'une de la partie concave, & l'autre de la convexe: de sorte qu'on peut considérer le point d'infléxion *F* comme la réünion des deux points touchans *M* & *D*. Si donc l'on suppose que *AT* (*s*) ou *AH* (*t*) soit donnée, & qu'on cherche * la valeur de x ou y par rapport à s ou t; l'on aura une équation qui aura deux racines *AP*, *AB* ou *PM*, *BD* qui deviennent égales chacune à la cherchée *AE* ou *EF*, lorsque s exprime *AL* & t, *AK*. C'est-pourquoy l'on multipliera cette équation par une progression arithmétique arbitraire, &c. FIG. 149. 150. * Art. 194.

EXEMPLE.

199. Soit comme cy-dessus, $ayy = xyy + aax$; l'on aura encore $sy^3 - styy - atyy + aasy - aast = 0$, qui étant multipliée par la progression arithmétique $1, 0, -1, -2$, donne $y^3 * - aay - 2aat = 0$, dans laquelle s ne se rencontre plus, & qui a deux racines inégales, sçavoir PM, BD, lorsque t exprime AH, & deux égales chacune à la cherchée EF lorsque t exprime AK. C'est-pourquoy multipliant de nouveau cette derniére équation par la progression arithmétique $3, 2, 1, 0$, l'on aura $3yy - aa = 0$; & partant $EF\ (y) = \sqrt{\frac{1}{3}aa}$. Ce qu'il falloit trouver.

PROPOSITION IV.

Problême.

Fig. 151. 200. Mener *d'un point donné* C *hors une ligne courbe* AMD *une perpendiculaire* CM *à cette courbe.*

Ayant mené les perpendiculaires MP, CK sur le diametre AB, & décrit du centre C de l'intervalle CM un cercle ; il est clair qu'il touchera la courbe AMD au point M. Nommant ensuite les inconnuës AP, x; PM, y; CM, r; & les connuës AK, s; KC, t: l'on aura PK ou $CE = s - x$, $ME = y + t$; & à cause du triangle réctangle MEC, $y = -t + \sqrt{rr - ss + 2sx - xx}$, $x = s - \sqrt{rr - tt - 2ty - yy}$: de sorte que mettant ces valeurs à la place de y ou x dans l'équation à la courbe, l'on en formera une nouvelle dans laquelle y ou x ne se rencontrera plus.

Si l'on décrit à present du même centre C un autre cercle qui coupe la courbe en deux points N, D, d'où l'on abaisse les perpendiculaires NQ, DB; il est évident que r exprimant le rayon CN ou CD dans l'équation précédente, x ou y aura deux valeurs AQ, AB ou NQ, DB qui deviennent égales entr'elles, sçavoir à la cherchée AP ou PM lorsque r exprime le rayon CM. D'où il suit que cette équation doit avoir deux racines égales. C'est-pourquoy on la multipliera, &c.

EXEMPLE.

201. SOIT $ax = yy$ l'équation qui exprime la nature de la courbe AMD, dans laquelle mettant pour x sa valeur $s - \sqrt{rr - tt - 2ty - yy}$, l'on aura $as - yy = a\sqrt{rr - tt - 2ty - yy}$: de sorte qu'en quarrant chaque membre, & ordonnant ensuite l'équation, l'on trouvera y^4, &c. qui doit avoir deux racines égales lorsque y exprime la cherchée PM.

$$\begin{array}{llllll} y^4 & * - 2asyy & + 2aaty & + aass & & = 0. \\ & + aa & & - aarr & & \\ & & & + aatt & & \\ 4, & 3, \quad 2, & & 1, & 0. & \\ \hline 4y^4 & * - 4asyy & + 2aaty & & * & = 0. \\ & + 2aa & & & & \end{array}$$

C'estpourquoy on la multipliera par la progression arithmétique $4, 3, 2, 1, 0,$; ce qui donnera $4y^3 - 4asy + 2aay + 2aat = 0$, dont la résolution fournira pour y la valeur cherchée PM.

Si le point donné C tomboit sur le diametre AB; l'on auroit alors $t = 0$, & il faudroit effacer par-conséquent tous les termes où t se rencontre; ce qui donneroit $4as - 2aa = 4yy = 4ax$, en mettant pour yy sa valeur ax. D'où l'on tireroit $x = s - \frac{1}{2}a$; c'est-à-dire que si l'on prend CP égale à la moitié du parametre, & qu'ayant tiré l'appliquée PM perpendiculaire sur AB, l'on mene la droite CM, elle sera perpendiculaire sur la courbe AMD. FIG. 152.

COROLLAIRE.

202. SI l'on veut à présent que le point M soit donné, & que le point C soit celuy qu'on cherche; il faudra dans la derniére équation qui exprime la valeur de AC (s) par rapport à AP (x) ou PM (y), regarder ces derniéres comme connuës, & l'autre comme l'inconnuë. FIG. 152.

DÉFINITION II.

Si d'un rayon quelconque de la dévelopée l'on décrit un cercle, il sera nommé *cercle baisant*.

Le point où ce cercle touche ou baise la courbe, est appellé *point baisant*.

PROPOSITION V.

Problême.

FIG. 153. 203. LA *nature de la courbe* AMD *étant donnée avec un de ses points quelconques* M; *trouver le centre* C *du cercle qui la baise en ce point* M.

Ayant mené les perpendiculaires *MP*, *CK* sur l'axe, & nommé les lignes par les mêmes lettres que dans le Problême précédent; l'on arrivera à la même équation dans laquelle il faut observer que la lettre *x* ou *y*, que l'on y regarde comme l'inconnuë, marque ici une grandeur donnée; & qu'au contraire *s*, *t*, que l'on y regarde comme connuës, sont en effet ici les inconnuës aussi-bien que *r*.

Cela posé, il est clair 1°. Que le point cherché *C* sera situé sur la perpendiculaire *MG* à la courbe. 2°. Que l'on pourra toûjours décrire un cercle qui touchera la courbe en *M*, & la coupera au moins en deux points (dont je suppose que le plus proche est *D*, d'où l'on abaissera la perpendiculaire *DB*); puisque l'on peut toûjours trouver un cercle qui coupe une ligne courbe quelconque, autre qu'un cercle, au moins en quatre points, & que le point touchant *M* n'équivaut qu'à deux interséctions. 3°. Que plus son centre *G* approche du point cherché *C*, plus aussi le point d'interséction *D* approche du point touchant *M*: de sorte que le point *G* tombant sur le point
*Art. 76. *C*, le point *D* se réünit avec le point *M*; puisque * le cercle décrit du rayon *CM*, doit toucher & couper la courbe au même point *M*. D'où l'on voit que *s* exprimant *AF*, & *t*, *FG*, l'équation doit avoir deux racines
*Art. 200. égales, sçavoir * chacune à *AP* ou *PM* selon qu'on a fait

évanoüir y ou x, & une autre $\dot{A}B$ ou BD qui devient aussi égale à AP ou PM lorsque s & t expriment les cherchées AK, KC ; & qu'ainsi cette équation doit avoir trois racines égales.

EXEMPLE.

204. SOIT $ax = yy$ l'équation qui exprime la nature de la courbe AMD, & l'on trouvera* y^4, &c. qui étant multipliée par $8, 3, 0, -1, 0$, produit des deux progressions arithmétiques $4, 3, 2, 1, 0$, & $2, 1, 0, -1, -2$ donne $8y^4 = 2aaty$. *Art. 201.

$$\begin{array}{llllll}
y^4 & * - 2asyy & + 2aaty & + aass & = 0. \\
 & \quad + aa & & - aarr & \\
 & & & + aatt & \\
4, & 3, \quad 2, & 1, & 0. & \\
2, & 1, \quad 0, & -1, & -2. & \\
\hline
8y^4 & * \quad * & - 2aaty & * & = 0.
\end{array}$$

D'où l'on tire la cherchée KC ou $PE\ (t) = \frac{4y^3}{aa}$.

Si l'on veut avoir une équation qui exprime la nature de la courbe qui passe par tous les points C, l'on multipliera encore y^4, &c. par $0, 3, 4, 3, 0$, produit des deux progressions $4, 3, 2, 1, 0$, & $0, 1, 2, 3, 4$; & l'on trouvera $8asy - 4aay = 6aat$: d'où, en supposant pour abréger $s - \frac{1}{2}a = u$, l'on tirera $y = \frac{3at}{4u}$, & $4y^3 = \frac{27a^3t^3}{16u^3} = aat$; & partant $16u^3 = 27att$. D'où il suit que la courbe qui passe par tous les points C, est une seconde parabole cubique, dont le parametre $= \frac{27a}{16}$, & dont le sommet est éloigné de celuy de la parabole proposée de $\frac{1}{2}a$; parce que $u = s - \frac{1}{2}a$.

Lorsque la position des parties de la courbe, voisines du point donné M, est entiérement semblable de part & d'autre de ce point, comme il arrive lorsque la courbure y est la plus grande ou la moindre ; il s'ensuit que l'une des intersections du cercle touchant ne peut se réünir avec le point touchant, que l'autre ne s'y réünisse en en même temps : de sorte que l'équation doit avoir alors quatre racines égales. Et en effet si l'on multiplie y^4, &c. par $24, 6, 0, 0, 0$, produit des trois progressions arithmétiques $4, 3, 2, 1, 0$, & $3, 2, 1, 0, -1$, & $2, 1, 0, -1, -2$; l'on aura $24y^4 = 0$: ce qui fait voir que le point M doit tomber sur le sommet A de la parabole, afin que la position des parties voisines de la courbe soit semblable de part & d'autre.

AUTRE SOLUTION.

FIG. 154. 205. ON peut encore résoudre ce Problême en se souvenant que l'on a démontré dans l'article 76. qu'on ne peut mener du point cherché C qu'une seule perpendiculaire CM à la courbe AMD; au lieu qu'il y a une infinité d'autres points G sur cette perpendiculaire MC, d'où l'on peut mener deux perpendiculaires MG, GD à la courbe. Si donc on suppose que le point G soit donné, & que l'on cherche * la valeur de x ou y par rapport aux données s & t; il est visible que cette équation doit avoir deux racines inégales, sçavoir AP, AB ou PM, BD qui deviennent égales entr'elles lorsque le point G tombe sur le point cherché C. C'est-pourquoy l'on multipliera cette équation par une progression arithmétique quelconque, &c.

* Art. 200.

EXEMPLE.

206. SOIT comme ci-dessus $ax = yy$; & l'on aura* $4y^3$, &c.

* Art. 101.

$$\begin{array}{llll} 4y^3 & * & -4asy & +2aat = 0. \\ & & +2aa & \\ 2, & 1, & 0, & -1. \\ \hline 8y^3 & * & * & -2aat = 0. \end{array}$$

qui étant multipliée par la progression arithmétique $2, 1, 0, -1$, donne comme* auparavant $t = \frac{4y^3}{aa}$.

* Art. 204.

COROL-

COROLLAIRE.

207. Il est évident qu'on peut considérer le point baisant comme * la réünion d'un point touchant avec un point d'interséction du même cercle; ou bien comme * la réünion de deux points touchans de deux cercles différens & concentriques : de même que le point d'infléxion peut être regardé * comme la réünion d'un point touchant avec un point d'interséction de la même droite, ou * comme la réünion de deux points touchans de deux différentes droites qui partent d'un même point. FIG. 153. 154. * *Art. 203.* * *Art. 205.* * *Art. 196.* * *Art. 198.*

PROPOSITION VI.

Problême.

208. TROUVER *une équation qui exprime la nature de la caustique* AFGK, *formée dans le quart de cercle* CAMNB, *par les rayons réfléchis* MH, NL, *&c. dont les incidens* PM, QN, *&c. sont paralleles à* CB. FIG. 155.

Je remarque 1°. Que si l'on prolonge les rayons réfléchis *MF*, *NG*, qui touchent la caustique en *F*, *G*, jusqu'à ce qu'ils rencontrent le rayon *CB* aux points *H*, *L*; l'on aura *MH* égale à *CH*, & *NL* égale à *CL*. Car l'angle $CMH = CMP = MCH$; & de même l'angle $CNL = CNQ = NCL$.

2°. Que d'un point donné *F* sur la caustique *AFK*, l'on ne peut mener qu'une seule droite *MH* qui soit égale à *CH*; au lieu que d'un point donné *D* entre le quart de cercle *AMB* & la caustique *AFK*, l'on peut mener deux lignes *MH*, *NL* telles que $MH = CH$ & $NL = CL$. Car on ne peut mener du point *F* qu'une seule tangente *MH*; au lieu que du point *D*, on en peut mener deux *MH*, *NL*. Ceci bien entendu,

Soit proposé de mener d'un point donné *D* la droite *MH*, en sorte qu'elle soit égale à la partie *CH*, qu'elle détermine sur le rayon *CB*.

Ayant mené *MP*, *DO* paralleles à *CB*, & *MS* parallele à *CA*, soient nommées les données *CO* ou *RS*, *u*; *OD*, *z*; *AC* ou *CB*, a; & les inconnuës *CP* ou *MS*, x; *PM* ou *CS*, y; *CH* ou *MH*, r. Le triangle réctangle *MSH* donnera $rr = rr - 2ry + yy + xx$: d'où l'on tire $CH\ (r) = \frac{xx + yy}{2y}$. De plus les triangles semblables *MRD*, *MSH* donneront $MR\ (x - u) . MS\ (x) :: RD\ (z - y) . SH = \frac{zx - xy}{x - u}$. & partant $CS + SH$ ou $CH = \frac{zx - uy}{x - u} = \frac{xx + yy}{2y} = \frac{aa}{2y}$ en mettant pour $xx + yy$ sa valeur aa. D'où l'on forme (en multipliant en croix) l'équation $aax - aau = 2zxy - 2uyy$; & mettant pour yy sa valeur $aa - xx$, il vient $2zxy = aax + aau - 2uxx$: quarrant ensuite chaque membre pour ôter les incommensurables, & mettant encore pour yy sa valeur $aa - xx$, l'on aura enfin

$$\begin{array}{lllll} 4uux^4 & -4aaux^3 & -4aauuxx & +2a^4ux + a^4uu & = 0. \\ 4zz & & -4aazz & & \\ & & +a^4 & & \end{array}$$

Or il est clair que u exprimant *CO*; & z, *OD*; cette égalité doit avoir deux racines inégales, sçavoir *CP*, *CQ*; & qu'au contraire u exprimant *CE*; & z, *EF*; *CQ* devient égale à *CP*, de sorte qu'elle a pour lors deux racines égales. C'est-pourquoy si l'on multiplie ses termes par ceux des deux progressions arithmétiques 4, 3, 2, 1, 0, & 0, 1, 2, 3, 4, l'on formera deux égalités nouvelles par le moyen desquelles on trouvera, aprés avoir fait évanoüir l'inconnuë x, cette équation

$$\begin{array}{lllll} 64z^6 & -48aaz^4 & +12a^4zz & -a^6 & = 0, \\ & +192uu & -96aauu & -15a^4uu & \\ & & +192u^4 & -48aau^4 & \\ & & & +64u^6 & \end{array}$$

qui exprime la relation de la coupée *CE* (u) à l'appliquée *EF* (z). Ce qu'il falloit trouver.

On peut déterminer le point touchant *F* en se servant de la Méthode expliquée dans la huitiéme Séction. Car si l'on imagine un autre rayon incident *pm* infiniment proche de *PM*; il est clair que le réfléchi *mh* coupera *MH* au point cherché *F*, par lequel ayant tiré *FE* parallele à PM, l'on nommera CE, u; EF, z; CP, x; PM, y; CM, a: & l'on trouvera comme ci-dessus $\frac{aax + aau - 2uxx}{xy} = 2z$. Or il est visible que CM, CE, EF demeurent les mêmes pendant que CP & PM varient. C'est-pourquoy l'on prendra la difference de cette équation en traittant a, u, z, comme constantes, & x, y comme variables; ce qui donnera $2uyxxdx + aauydx - aaxxdy - aauxdy + 2ux^3dy = 0$, dans laquelle mettant pour dx sa valeur $-\frac{ydy}{x}$ (que l'on trouve en prenant la difference de $yy = aa - xx$), & ensuite pour yy sa valeur $aa - xx$, il vient enfin $CE\ (u) = \frac{x^3}{aa}$.

Si l'on suppose que la courbe AMB ne soit plus un quart de cercle, mais une autre courbe quelconque qui ait pour rayon de sa dévelopée au point M la droite MC; il est clair * que sa petite portion Mm peut être regardée comme un arc de cercle décrit du centre C. D'où il suit que si l'on mene par ce centre la perpendiculaire CP sur le rayon incident PM, & qu'ayant pris $CE = \frac{x^3}{aa}$ ($CP = x$, $CM = a$), l'on tire EF parallele à PM; elle ira couper le rayon réfléchi MH au point F, où il touche la caustique AFK. *Art. 76.

Si l'on tire par tous les points M, m d'une ligne courbe quelconque AMB, des lignes droites MC, mC à un point fixe C de son axe AC, & d'autres droites MH, mh terminées par la perpendiculaire CB à l'axe, en sorte que l'angle $CMH = MCH$, & $Cmh = mCh$; & qu'il faille trouver sur chaque MH le point F où elle touche la courbe AFK, formée par les interséctions continuelles de ces droites MH, mh. On trouvera comme auparavant $CH = \frac{xx + yy}{2y} = \frac{zx - uy}{x - u}$: d'où l'on tire $\frac{x^3 + uyy + xyy - uxx}{xy} = 2z$, dont la difference (en traittant u, z comme constantes, & x, y comme variables) donne $2x^3ydx - uxxydx - x^4dy + ux^3dy + xxyydy + uxyydy - uy^3dx = 0$; & partant la cherchée

$CE\ (u) = \frac{2x^3ydx - x^4dy + xxyydy}{xxydx - x^3dy + y^3dx - xyydy}$. Or la nature de la ligne *AMB* étant donnée, l'on aura une valeur de *dy* en *dx*, laquelle étant ſubſtituée dans l'expreſſion de *CE*, cette expreſſion ſera délivrée des différences & entiérement connuë.

PROPOSITION VII.

Problême.

FIG. 156. 209. SOIT *une ligne droite indéfinie* AO *qui ait un commencement fixe au point* A ; *ſoit entenduë une infinité de paraboles* BFD, CDG *qui ayent pour axe commun la droite* AO, *& pour parametres les droites* AB, AC *interceptées entre le point fixe* A, *& leurs ſommets* B, C. *On demande la nature de la ligne* AFG *qui touche toutes ces paraboles.*

Je remarque d'abord que deux quelconques de ces paraboles *BFD*, *CDG* ſe couperont en un point *D* ſitué entre la ligne *AFG* & l'axe *AO* ; que *AC* devenant égal à *AB*, le point d'interſéction *D* tombe ſur le point touchant *F*. Ceci bien entendu,

Soit propoſé de mener par le point donné *D* une parabole qui ait la propriété marquée. Si l'on mene l'appliquée *DO*, & qu'on nomme les données *AO*, u ; *OD*, z ; & l'inconnuë *AB*, x ; la propriété de la parabole donnera $AB \times BO\ (ux - xx) = \overline{DO}^2\ (zz)$; & ordonnant l'égalité, l'on aura $xx - ux + zz = 0$. Or il eſt évident que u exprimant *AO* ; & z, *OD* ; cette égalité a deux racines inégales, ſçavoir *AB*, *CA* : & qu'au contraire u exprimant *AE* ; & z, *EF* ; *AC* devient égale à *AB*, c'eſt-à-dire qu'elle a pour lors deux racines égales. C'eſt-pourquoy on la multipliera par la progreſſion arithmétique $1, 0, -1$: ce qui donne $x = z$; & ſubſtituant cette valeur à la place de x, il vient l'équation $u = 2z$ qui doit exprimer la nature de la ligne *AFG*. D'où l'on voit que *AFG* eſt une ligne droite faiſant avec *AO* l'angle *FAO* tel que *AE* eſt double de *EF*.

Si l'on veut résoudre cette question en général, de quelque degré que puissent être les paraboles *BFD*, *CDG*; on se servira de la Méthode expliquée dans la Séction huitiéme, en cette sorte. Nommant *AE*, u; *EF*, z; *AB*, x; l'on aura $\overline{u-x}^{m} \times x^{n} = z^{m+n}$ qui exprime en général la nature de la parabole *BF*, dont la différence donne (en traittant u & z comme constantes, & x comme variable) $-m \times \overline{u-x}^{m-1} dx \times x^{n} + nx^{n-1} dx \times \overline{u-x}^{m} = 0$; & divisant par $\overline{u-x}^{m-1} dx \times x^{n-1}$, il vient $-mx + nu - nx = 0$: d'où l'on tire $x = \frac{n}{m+n} u$; & partant $u - x = \frac{m}{m+n} u$. Mettant donc ces valeurs à la place de $u - x$, & de x dans l'équation générale; & faisant (pour abreger) $\frac{m}{m+n} = p$, $\frac{n}{m+n} = q$, $m + n = r$, l'on aura $z = u \sqrt{p^{m} q^{n}}$. D'où l'on voit que la ligne *AFG* est toûjours droite, si composées que puissent être les paraboles, n'y ayant que la raison de *AE* à *EF* qui change.

On voit clairement par ce que l'on vient d'expliquer dans cette Séction, de quelle maniére l'on doit se servir de la Méthode de Mrs Descartes *&* Hudde *pour résoudre ces sortes de questions lorsque les Courbes sont Geométriques. Mais l'on voit aussi en même temps qu'elle n'est pas comparable à celle de M.* Leibnis, *que j'ay taché d'expliquer à fond dans ce Traitté: puisque cette derniére donne des résolutions générales où l'autre n'en fournit que de particulieres, qu'elle s'étend aux lignes Transcendentes, & qu'il n'est point nécessaire d'ôter les incommensurables; ce qui seroit tres souvent impraticable.*

FIN.

Fautes à corriger.

Pag. 2. *lig.* 24. *au lieu de* da, *mettez* dans. *Pag.* 12. *lig.* 31. *au lieu de* hyperpoles, *mettez* hyperboles. *Pag.* 32. *lig. derniere, au lieu de,* le 2. *mettez*, le poids 2. *Pag.* 53. *lig.* 2. *au lieu de* parallale, *mettez* parallele. *Pag.* 55. *lig.* 28. *aprés* LO — Hn, *ajoûtez*, ou Hn — LO. *Pag.* 57. *en marge, au lieu de* FIG. 48. 94. *mettez* FIG. 48. 49. *Pag.* 61. *lig.* 10. *ajoûtez*, il est à remarquer que AL ne peut jamais être $= x + \frac{ydx}{dy}$; car lorsque le point T tombe de l'autre côté du point P par rapport à l'origine A des x, la valeur de $\frac{ydx}{dy}$ sera négative suivant l'article 10. & par-conséquent celle de $-\frac{ydx}{dy}$ sera positive : de sorte qu'on aura encore en ce cas $AE + EL$ ou $AL = x - \frac{ydx}{dy}$. *Pag.* 67. *lig.* 15. *dans le dénominateur de la fraction, au lieu de* $-4x^3$, *mettez* $-4xx$. *Pag.* 88. *lig.* 9. *au lieu de* BF, *mettez* KP. *Pag.* 99. *lig.* 16. *effacez la particule* en *auparavant* $x = \frac{1}{2}a$, *& la mettez aprés.* *Pag.* 113. *lig.* 3. *au lieu de* CPM, *lisez* CMP. *Pag.* 120. *lig.* 11. *au lieu de* FHN, *mettez* HFN. *Pag.* 130. *lig.* 30. *au lieu de* a infinité, *mettez* à une infinité. *Pag.* 136. *lig.* 1. *au lieu de* PC, *mettez* KC.

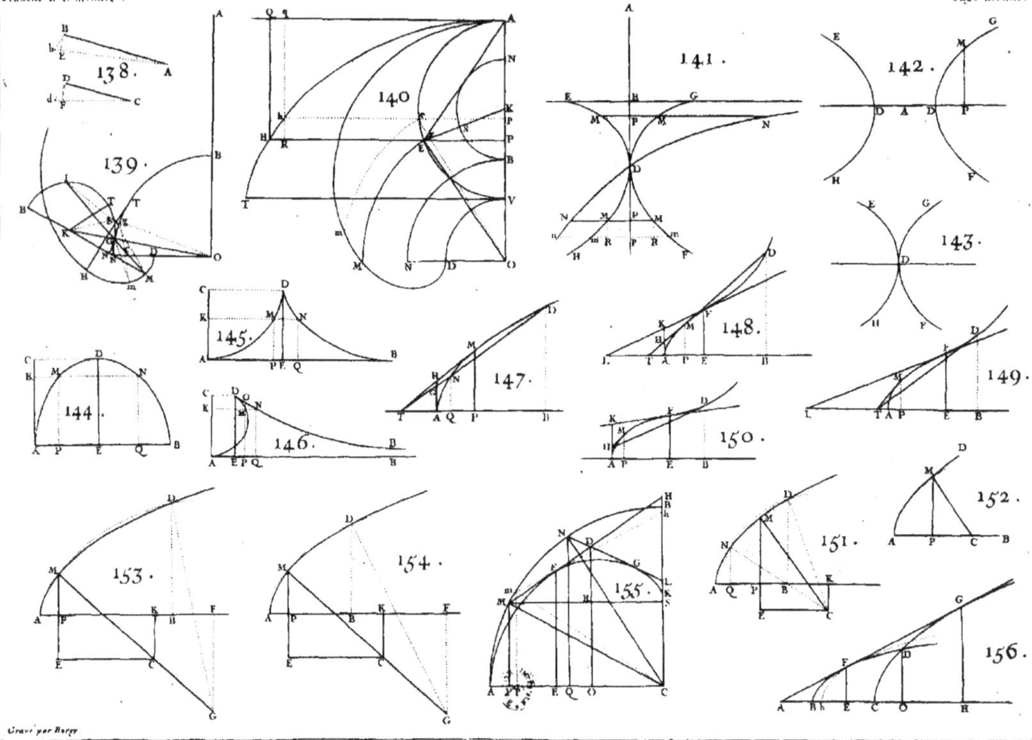

Gravé par Bergy

A PARIS,

DE L'IMPRIMERIE ROYALE.

Par les ſoins de JEAN ANISSON Directeur de ladite Imprimerie.

M. DC. XCVI.

www.ingramcontent.com/pod-product-compliance
Lightning Source LLC
Chambersburg PA
CBHW072307210326
41519CB00057B/3056
9782012522749